工业和信息化"十三五"人才培养规划教材

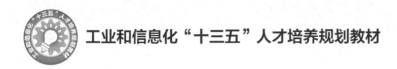

有问题，就找问答精灵！

软件测试

黑马程序员 ◉ 编著

人民邮电出版社

北　京

图书在版编目（CIP）数据

软件测试 / 黑马程序员编著. -- 北京 ：人民邮电
出版社，2019.10（2022.11重印）
工业和信息化"十三五"人才培养规划教材
ISBN 978-7-115-51523-0

Ⅰ．①软… Ⅱ．①黑… Ⅲ．①软件－测试－高等学校
－教材 Ⅳ．①TP311.5

中国版本图书馆CIP数据核字(2019)第167952号

内 容 提 要

　　作为保证软件质量的重要手段，软件测试在日新月异的软件开发中越来越重要。本书作为软件测试入门书籍，不同于市面上的纯理论知识讲解，而是将软件测试理论与实践充分结合，让读者既掌握理论知识又具备动手能力。

　　本书共分为9章：第1章讲解软件测试的基础知识体系；第2～3章讲解黑盒测试与白盒测试方法；第4～7章分别讲解性能测试、安全测试、自动化测试、移动App测试的相关知识；第8～9章以一个项目为例，讲解各种测试文档的编写。

　　为帮助初学者更好地学习本书中的内容，本书附有配套视频、源代码、题库、教学课件等资源，还提供了在线答疑，希望得到更多读者的关注。

　　本书为软件测试入门教材，适合作为高等院校本、专科计算机相关专业的软件测试技术教材，也可作为软件测试技术基础的培训教材，也是一本适合广大计算机编程爱好者的自学参考书。

◆ 主　编　黑马程序员
　　责任编辑　范博涛
　　责任印制　马振武

◆ 人民邮电出版社出版发行　　北京市丰台区成寿寺路 11 号
　　邮编　100164　　电子邮件　315@ptpress.com.cn
　　网址　http://www.ptpress.com.cn
　　山东华立印务有限公司印刷

◆ 开本：787×1092　1/16
　　印张：13　　　　　　　　　2019 年 10 月第 1 版
　　字数：320 千字　　　　　　2022 年 11 月山东第 10 次印刷

定价：42.00 元

读者服务热线：(010)81055256　印装质量热线：(010)81055316
反盗版热线：(010)81055315
广告经营许可证：京东市监广登字 20170147 号

序言　FOREWORD

本书的创作公司—江苏传智播客教育科技股份有限公司（简称"传智教育"）作为第一个实现 A 股 IPO 上市的教育企业，是一家培养高精尖数字化专业人才的公司，公司主要培养人工智能、大数据、智能制造、软件开发、互联网、区块链、数据分析、网络营销、新媒体等领域的人才。公司成立以来贯彻国家科技发展战略，始终保持以前沿先进技术为讲授内容，已向我国高科技企业输送数十万名技术人员，为企业数字化转型、升级提供了强有力的人才支撑。

公司的教师团队由一批拥有 10 年以上开发经验，且来自互联网企业或研究机构的 IT 精英组成，他们负责研究、开发教学模式和课程内容。公司具有完善的课程研发体系，一直走在整个行业的前列，在行业内树立起了口碑。公司在教育领域有 2 个子品牌：黑马程序员和院校邦。

一、黑马程序员——高端 IT 教育品牌

"黑马程序员"的学员多为大学毕业后想从事 IT 行业，但各方面条件还不成熟的年轻人。"黑马程序员"的学员筛选制度非常严格，包括了严格的技术测试、自学能力测试，还包括性格测试、压力测试、品德测试等。百里挑一的筛选制度确保了学员质量，从而降低了企业的用人风险。

自"黑马程序员"成立以来，教学研发团队一直致力于打造精品课程资源，不断在产、学、研 3 个层面创新自己的执教理念与教学方针，并集中"黑马程序员"的优势力量，有针对性地出版了计算机系列教材百余种，制作教学视频数百套，发表各类技术文章数千篇。

二、院校邦——院校服务品牌

院校邦以"协万千名校育人、助天下英才圆梦"为核心理念，立足于中国职业教育改革，为高校提供健全的校企合作解决方案，其中包括原创教材、高校教辅平台、师资培训、院校公开课、实习实训、协同育人、专业共建、传智杯大赛等，形成了系统的高校合作模式。院校邦旨在帮助高校深化教学改革，实现高校人才培养与企业发展的合作共赢。

（一）为大学生提供的配套服务

1. 请同学们登录"高校学习平台"，免费获取海量学习资源。该平台可以帮助同学们解决各类学习问题。

高校学习平台

2. 针对学习过程中存在的压力等问题，院校邦面向学生量身打造了 IT 学习小助手—邦小苑，可提供教材配套学习资源。同学们快来关注"邦小苑"微信公众号。

"邦小苑"微信公众号

（二）为教师提供的配套服务

1. 院校邦为所有教材精心设计了"教案+授课资源+考试系统+题库+教学辅助案例"的系列教学资源。教师可登录"高校教辅平台"免费使用。

高校教辅平台

2. 针对教学过程中存在的授课压力等问题，教师可扫描下方二维码，添加"码大牛"老师微信，或添加码大牛老师 QQ：2770814393，获取最新的教学辅助资源。

码大牛老师微信号

三、意见与反馈

为了让教师和同学们有更好的教材使用体验，您如有任何关于教材的意见或建议请扫码下方二维码进行反馈，感谢对我们工作的支持。

调查问卷

前言
Preface

随着信息技术的高速发展，各种各样的软件产品越来越多，软件产品的结构越来越复杂，为保证软件产品的质量，软件测试越来越重要。现在，软件测试已经成为软件开发过程中必不可少的一项工作。最初的软件测试只是开发人员调试自己的代码，后来软件测试逐渐发展成为一个独立的行业。在国内，软件测试还处于起步阶段，软件测试技术体系尚不成熟，人才缺口较大。在这样的背景下，我们编写了本书，让更多想从事软件测试行业的读者快速入门。

◆ 为什么要学习本书

现在市面上有很多软件测试教材，但这些教材很多只是纯理论讲解，内容冗余烦琐，很多读者学习之后还是很茫然。基于上述现象，我们推出这本软件测试的教材。本书更加注重理论与实践的结合，旨在让读者掌握软件测试的理论知识和培养动手实践的能力。

本书在讲解时将软件测试的相关知识以辐射形式平铺展开，布局合理、结构清晰。针对每一个测试种类，本书都配备了测试项目，通过分析测试项目和测试工具的使用，让读者以最快的速度掌握软件测试理论知识并具备实践能力。

◆ 如何使用本书

全书共分为9章，具体介绍如下。

第1章介绍软件测试的基础知识，包括软件生命周期、软件开发模型、软件质量概述、软件缺陷管理、软件测试概述、软件测试模型、软件测试流程等。通过本章的学习，读者可以了解软件测试的概念及软件测试在整个软件开发过程中的作用。

第2～3章介绍黑盒测试方法和白盒测试方法。黑盒测试方法包括等价类划分法、边界值分析法、因果图法、决策表法和正交实验设计法；白盒测试方法包括逻辑覆盖法、插桩法等。通过这两章的学习，读者可以掌握黑盒测试与白盒测试的概念和常用方法，以及两者之间的区别。

第4章介绍性能测试，包括性能测试概述、性能测试的指标、种类、性能测试的流程及工具，最后通过一个实例测试来演示性能测试过程。通过本章的学习，读者会对性能测试有一个整体的认识，并掌握性能测试工具LoadRunner的使用。

第5章介绍安全测试。安全测试是一个比较复杂的测试领域。本章介绍了安全测试概述、常见的安全漏洞、渗透测试、常见的安全测试工具，最后通过测试传智图书库的安全性来演示安全漏洞扫描和分析的过程。通过本章的学习，读者可以了解安全测试的相关知识，以及相关安全测试工具的使用。

第 6 章介绍自动化测试，包括自动化测试概述、自动化测试的常见技术、自动化测试的常用工具及持续集成测试，最后通过一个实例演示自动化测试过程。通过本章的学习，读者可以对自动化测试有一个全面的理解与认知，掌握自动化测试技术及常用工具的使用。

第 7 章介绍移动 App 测试，包括移动 App 概述、移动 App 测试要点、移动 App 测试流程及工具，最后通过一个实例演示移动 App 测试过程。通过本章的学习，读者会对移动 App 测试有一个全新的认识，掌握移动 App 测试要点及测试工具 Appium 的使用。

第 8 ~ 9 章介绍各种软件测试文档的编写。

在学习的过程中，读者应勤思考、勤总结，并动手实践书中提供的项目测试。若在学习的过程中遇到无法解决的困难，建议读者不要纠结，继续往后学习。

◆ 致谢

本书的编写和整理工作由传智播客教育科技有限公司完成，主要参与人员有高美云、薛蒙蒙等，全体人员在近一年的编写过程中付出了很多辛勤的劳动，在此一并表示衷心的感谢。

◆ 意见反馈

尽管我们付出了最大的努力，但书中难免会有不妥之处，欢迎读者朋友们来信提出宝贵的意见，我们将不胜感激。您在阅读本书时，如发现任何问题或有不认同之处，可以通过电子邮件与我们取得联系。

请发送电子邮件至 itcast_book@vip.sina.com。

黑马程序员
2019 年 5 月于北京

目录
Content

第1章

软件测试基础

★了解软件生命周期

★掌握软件开发模型

★了解软件质量

★掌握软件缺陷的概念、产生的原因及处理流程

★了解什么是软件测试

★了解软件测试与软件开发之间的关系

★掌握软件测试的原则

★了解软件测试的基本流程

在已经步入智能化时代的今天，我们的工作生活都已经离不开软件，每天我们都会与各种各样的软件打交道。软件与其他产品一样都有质量要求，要保证软件产品的质量，除了要求开发人员严格遵照软件开发规范之外，最重要的手段就是软件测试。本章将针对软件与软件测试的基础知识进行讲解。

1.1　软件概述

对于软件大家应该都不陌生，我们每天都会使用各种各样的软件，如 Windows、Office、微信、QQ 等。软件是相对于硬件而言的，它是一系列按照特定顺序组织的计算机数据和指令的集合。

软件和其他产品一样，都有一个从"出生"到"消亡"的过程，这个过程称为软件的生命周期。在软件的生命周期中，软件测试是非常重要的一个环节。学习软件测试，必须要对软件相关知识有一定了解，包括软件生命周期、软件开发模型、软件质量等。本节将对软件的这些知识进行详细讲解。

1.1.1　软件生命周期

软件生命周期分为多个阶段，每个阶段有明确的任务，这样就使得结构复杂、管理复杂的软件开发变得容易控制和管理。通常，可将软件生命周期划分为 6 个阶段，如图 1-1 所示。

图 1-1　软件生命周期

图 1-1 中每个阶段的目标任务及含义分别介绍如下。

第 1 阶段：问题定义，该阶段由软件开发方与需求方共同讨论，主要确定软件的开发目标及其可行性。

第 2 阶段：需求分析，该阶段对软件需求进行更深入的分析，划分出软件需要实现的功能模块，并制作成文档。需求分析在软件的整个生命周期中起着非常重要的作用，它直接关系到后期软件开发的成功率。在后期开发中，需求可能会发生变化，因此，在进行需求分析时，

应考虑到需求的变化，以保证整个项目的顺利进行。

　　第 3 阶段：软件设计，该阶段在需求分析结果的基础上，对整个软件系统进行设计，如系统框架设计、数据库设计等。

　　第 4 阶段：软件开发，该阶段在软件设计的基础上，选择一种编程语言进行开发。在开发过程中，必须要制订统一的、符合标准的程序编写规范，以保证程序的可读性、易维护性以及可移植性。

　　第 5 阶段：软件测试，该阶段是软件开发完成后对软件进行测试，以查找软件设计与软件开发过程中存在的问题并加以修正。软件测试过程包括单元测试、集成测试、系统测试 3 个阶段；测试的方法以黑盒测试、白盒测试或者两者结合的形式进行。在测试过程中，为减少测试的随意性，需要制订详细的测试计划并严格遵守；测试完成之后，要对测试结果进行分析并对测试结果以文档的形式汇总。

　　第 6 阶段：软件维护，软件完成测试并投入使用之后，面对庞大的用户群体，软件可能无法满足用户使用需求，此时就需要对软件进行维护升级以延续软件的使用寿命。软件的维护包括纠错性维护和改进性维护两个方面。软件维护是软件生命周期中持续时间最长的阶段。

1.1.2　软件开发模型

　　软件测试工作与软件开发模型息息相关，在不同的软件开发模型中，测试的任务和作用也不相同，因此测试人员要充分了解软件开发模型，以便找准自己在其中的定位与任务。

　　软件开发模型规定了软件开发应遵循的步骤，是软件开发的导航图，它能够清晰、直观地表达软件开发的全过程，以及每个阶段要进行的活动和要完成的任务。开发人员在选择开发模型时，要根据软件的特点、开发人员的参与方式选择稳定可靠的开发模型。

　　自有软件开发以来，软件开发模型也从最初的"边做边改"发展出了多个模型，下面以软件开发模型发展历史为顺序，介绍几个典型的开发模型。

1. 瀑布模型

　　瀑布模型是 W.W. 罗伊斯（W.W.Royce）于 1970 年提出的软件开发模型，由模型名称可知该模型遵循从上至下一次性完成整个软件产品的开发方式。

　　瀑布模型将软件开发过程分为 6 个阶段：计划→需求分析→软件设计→编码→测试→运行维护，其开发过程如图 1-2 所示。

　　在瀑布模型中，软件开发的各项活动严格按照这条线进行，只有当一个阶段任务完成之后才能开始下一个阶段。软件开发的每一个阶段都要有结果产出，结果经过审核验证之后作为下一个阶段的输入，下一个阶段才可以顺利进行。如果结果审核验证不通过，则需要返回修改。

　　瀑布模型为整个项目划分了清晰的检查点，当一个阶段完成之后，只需要把全部精力放置在后面的开发上即可，它有利于大型软件开发人员的组织管理及工具的使用与研究，可以提高开发的效率。

　　但是瀑布模型是严格按照线性方式进行的，无法适应用户需求变更，用户只能等到最后才能看到开发成果，增加了开发风险。如果开发人员与客户对需求理解有偏差，到最后开发完成后，最终成果与客户需求可能会差之千里。

　　使用瀑布模型开发软件时，如果早期犯的错误在项目完成后才发现，此时再修改原来的错误需要付出巨大的代价。瀑布模型要求每一个阶段必须有结果产出，这就势必增加了文档的数量，使软件开发的工作量变大。

除此之外，对于现代软件来说，软件开发各阶段之间的关系大部分不会是线性的，很难使用瀑布模型开发软件，因此瀑布模型不再适合现代软件开发，已经被逐渐废弃。

2. 快速原型模型

快速原型模型与瀑布模型正好相反，它在最初确定用户需求时快速构造出一个可以运行的软件原型，这个软件原型向用户展示待开发软件的全部或部分功能和性能，客户对该原型进行审核评价，然后给出更具体的需求意见，这样逐步丰富细化需求，最后开发人员与客户达成最终共识，确定客户的真正需求。确定客户的真正需求之后，开始真正的软件开发。

快速原型模型类似于建造房子，确定客户对房子的需求之后快速地搭建一个房子模型，由客户对房子模型进行评价，房子的样式、功能、布局等是否满足需求，哪里需要改进等，一旦最后确定了客户对房子的要求，就开始真正地建造房子。该模型的开发过程如图 1-3 所示。

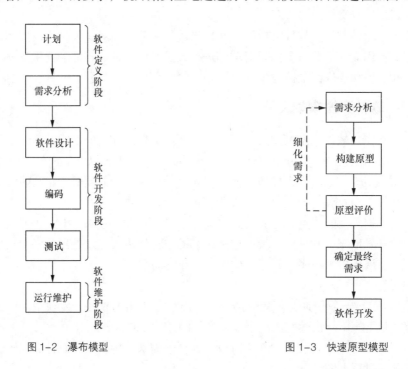

图 1-2　瀑布模型　　　　　　　　　　图 1-3　快速原型模型

与瀑布模型相比，快速原型模型克服了需求不明确带来的风险，适用于不能预先确定需求的软件项目。但快速原型模型关键在于快速构建软件原型，准确地设计出软件原型存在一定的难度。此外，这种开发模型也不利于开发人员对产品进行扩展。

3. 迭代模型

迭代模型又称为增量模型或演化模型，它将一个完整的软件拆分成不同的组件，然后逐个组件地开发测试，每完成一个组件就展现给客户，让客户确认这一部件功能和性能是否达到客户需求，最终确定无误，将组件集成到软件体系结构中。整个开发工作被组织为一系列短期、简单的小项目，称为一系列迭代，每一个迭代都需要经过需求分析→软件设计→编码→测试的过程，其开发过程如图 1-4 所示。

在迭代模型中，第一个迭代（即第一个组件）往往是软件基本需求的核心部分，第一个组件完成之后，经过客户审核评价形成下一个组件的开发计划，包括对核心产品的修改和新功能的发布，这样重复迭代步骤直到实现最终完善的产品。

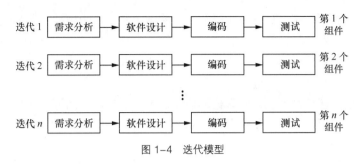

图 1-4　迭代模型

　　迭代模型可以很好地适应客户需求变更，它逐个组件地交付产品，客户可以经常看到产品，如果某个组件没有满足客户需求，则只需要更改这一个组件，降低了软件开发的成本与风险。但是迭代模型需要将开发完成的组件集成到软件体系结构中，这样会有集成失败的风险，因此要求软件必须有开放式的体系结构。此外，迭代模型逐个组件地开发修改，很容易退化为"边做边改"的开发形式，从而失去对软件开发过程的整体控制。

4. 螺旋模型

　　螺旋模型由巴利·玻姆（Barry Boehm）于 1988 年提出，该模型融合了瀑布模型、快速原型模型，它最大的特点是引入了其他模型所忽略的风险分析，如果项目不能排除重大风险，就停止项目从而减小损失。这种模型比较适合开发复杂的大型软件。

　　螺旋模型将整个项目开发过程划分为几个不同的阶段，每个阶段按部就班地执行，这种划分方式采用了瀑布模型。每个阶段在开始之前都要进行风险评估，如果能消除重大风险则可以开始该阶段任务。在每个阶段，首先构建软件原型，根据快速原型模型完成这个迭代过程，产出最终完善的产品，然后进入下一个阶段，同样下一个阶段开始之前也要进行风险评估，这样循环往复直到完成所有阶段的任务。螺旋模型的若干个阶段是沿着螺线方式进行的，如图 1-5 所示。

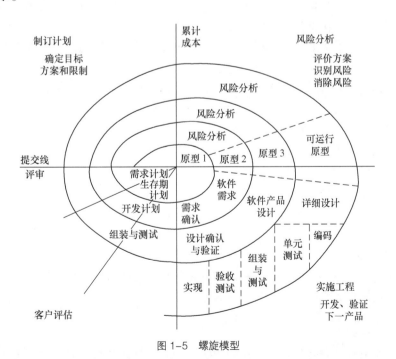

图 1-5　螺旋模型

图1-5有4个象限：制订计划、风险分析、实施工程、客户评估，各象限含义如下。

（1）制订计划：确定软件目标，制订实施方案，并且列出项目开发的限制条件。

（2）风险分析：评价所制订的实施方案，识别风险并消除风险。

（3）实施工程：开发产品并进行验证。

（4）客户评估：客户对产品进行审核评估，提出修正建议，制订下一步计划。

在螺旋模型中，每一个迭代都需要经过这4个步骤，直到最后得到完善的产品，可以进行提交。

螺旋模型强调了风险分析，这意味着对可选方案和限制条件都进行了评估，更有助于将软件质量作为特殊目标融入产品开发之中。它以小分段构建大型软件，使成本计算变得简单容易，而且客户始终参与每个阶段的开发，保证了项目不偏离正确方向，也保证了项目的可控制性。

5. 敏捷模型

敏捷模型是20世纪90年代兴起的一种软件开发模型。在现代社会，技术发展非常快，软件开发也是在快节奏的环境中进行的。在业务快速变换的环境下，往往无法在软件开发之前收集到完整而详尽的软件需求。没有完整的软件需求，传统的软件开发模型就难以展开工作。

为了解决这个问题，人们提出了敏捷开发模型。敏捷模型以用户的需求进化为核心，采用迭代、循序渐进的方法进行软件开发。在敏捷模型中，软件项目在构建初期被拆分为多个相互联系而又独立运行的子项目，然后迭代完成各个子项目，开发过程中，各个子项目都要经过开发测试。当客户有需求变更时，敏捷模型能够迅速地对某个子项目做出修改以满足客户的需求。在这个过程中，软件一直处于可使用状态。

除了响应需求，敏捷模型还有一个重要的概念——迭代，就是不断对产品进行细微、渐进式的改进，每次改进一小部分，如果可行再逐步扩大改进范围。在敏捷模型中，软件开发不再是线性的，开发的同时也会进行测试工作，甚至可以提前写好测试代码，因此在敏捷模型中，有"开发未动，测试先行"的说法。

另外，相比于传统的软件开发模型，敏捷模型更注重"人"在软件开发中的作用，项目的各部门应该紧密合作、快速有效地沟通（如面对面沟通），提出需求的客户可以全程参与到开发过程，以适应软件频繁的需求变更。为此，敏捷模型描述了一套软件开发的价值和原则，具体如下所示。

（1）个体和交互重于过程和工具。

（2）可用软件重于完备文档。

（3）客户协作重于合同谈判。

（4）响应变化重于遵循计划。

对于敏捷模型来说，并不是工具、文档等不重要，而是更注重人与人之间的交流沟通。

敏捷模型可以及时响应客户需求变更，不断适应新的趋势，但是在开发灵活的同时也带来了一定程度的混乱。例如，缺乏文档资料；软件之前版本的可重现性、可回溯性较低；对于较大的项目，人员越多，面对面的有效沟通越困难。因此敏捷模型比较适用于小型项目的开发，而不太适用于大型项目。

▌▌▌多学一招：敏捷模型的开发方式

敏捷模型主要有2种开发方式：Scrum与Kanban，下面分别对这两种开发方式进行简单的介绍。

1. Scrum

在 Scrum 开发方式的团队中，会选出一个 Scrum Master(产品负责人)全面负责产品的开发过程。Scrum Master 把团队划分成不同的小组，把整个项目划分成细小的可交付成果的子项目，分别由不同的小组完成，并对各小组的工作划分优先级，估算每个小组的工作量。

在开发过程中，每个小组的工作都是一个固定时长的短周期迭代，开发短周期一般为 1 ～ 4 周。开发完成之后，经过一系列的测试、优化等，将产品集成，交付最终成果。

2. Kanban

Kanban(看板)源于丰田的生产模式，它将工作细分成任务，将工作流程显示在"看板卡"上，每个人都能及时了解自己的工作任务及工作进度。这种生产理念后来被引入到软件开发中，利用可视化软件将开发的软件项目细分成小任务，并分配给团队成员，每个成员都可以在"看板"上了解自己的工作任务及整个团队的工作进度。项目开始之后，从目前执行的任务和过程开始，团队会针对每个成员的工作做出持续、增量、渐进式的改变。

1.1.3　软件质量概述

软件产品与其他产品一样，都是有质量要求的，软件质量关系着软件使用程度与使用寿命，一款高质量的软件更受用户欢迎，它除了满足客户的显式需求之外，往往还满足了客户隐式需求。下面分别从软件质量的概念、软件质量模型、影响软件质量的因素这几个方面介绍软件质量的相关知识。

1. 软件质量的概念

软件质量是指软件产品满足基本需求及隐式需求的程度。软件产品满足基本需求是指其能满足软件开发时所规定需求的特性，这是软件产品最基本的质量要求；其次是软件产品满足隐式需求的程度。例如，产品界面更美观、用户操作更简单等。

从软件质量的定义，可将软件质量分为 3 个层次，具体如下。

(1)满足需求规定：软件产品符合开发者明确定义的目标，并且能可靠运行。

(2)满足用户需求：软件产品的需求是由用户产生的，软件最终的目的就是满足用户需求，解决用户的实际问题。

(3)满足用户隐式需求：除了满足用户的显式需求，软件产品如果满足用户的隐式需求，即潜在的可能需要在将来开发的功能，将会极大地提升用户满意度，这就意味着软件质量更高。

所谓高质量的软件，除了满足上述需求之外，对于内部人员来说，它应该也是易于维护与升级的。软件开发时，统一的符合标准的编码规范、清晰合理的代码注释、形成文档的需求分析、软件设计等资料对于软件后期的维护与升级都有很大的帮助，同时，这些资料也是软件质量的一个重要体现。

2. 软件质量模型

软件质量是使用者与开发者都比较关心的问题，但全面客观地评价一个软件产品的质量并不容易，它并不像普通产品一样，可以通过直观的观察或简单的测量能得出其质量是优还是劣。那么如何评价一款软件的质量呢？目前，最通用的做法就是按照 ISO/IEC 9126:1991 国际标准来评价一款软件的质量。

ISO/IEC 9126:1991 是最通用的一个评价软件质量的国际标准，它不仅对软件质量进行了

定义，而且还制订了软件测试的规范流程，包括测试计划的撰写、测试用例的设计等。ISO/
IEC 9126:1991 标准由 6 个特性和 27 个子特性组成，如图 1-6 所示。

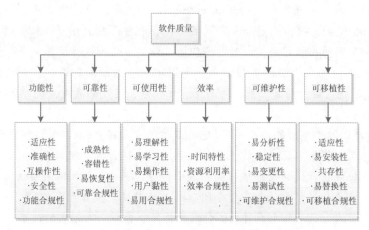

图 1-6　ISO/IEC 9126:1991 软件质量管理模型

ISO/IEC 9126:1991 标准所包含的 6 大特性的具体含义如下。

（1）功能性：在指定条件下，软件满足用户显式需求和隐式需求的能力。

（2）可靠性：在指定条件下使用时，软件产品维持规定的性能级别的能力。

（3）可使用性：在指定条件下，软件产品被使用、理解、学习的能力。

（4）效率：在指定条件下，相对于所有资源的数量，软件产品可提供适当性能的能力。

（5）可维护性：指软件产品被修改的能力。修改包括修正、优化和功能规格变更的说明。

（6）可移植性：指软件产品从一个环境迁移到另一个环境的能力。

这 6 大特性及其子特性是软件质量标准的核心，软件测试工作就从这 6 个特性和 27 个
子特性去测试、评价一个软件的。

▌▌ 多学一招：纸杯测试

"纸杯测试"是一个经典的测试案例，这是微软公司曾给软件测试者出的一道面试题，
用于考察面试者对软件测试的理解与掌握程度。

测试项目：纸杯。

需求测试：查看纸杯说明书是否完整。

界面测试：观察纸杯外观，测试表面是否光滑、手感是否舒适。

功能测试：用纸杯装水，观察是否漏水。

安全测试：纸杯是否有毒或细菌。

可靠性测试：从不同高度摔下来，观察纸杯的损坏程度。

易用性测试：用纸杯盛放开水是否烫手，纸杯是否易滑、是否方便饮用。

兼容性测试：用纸杯分别盛放水、酒精、饮料、汽油等，观察是否有渗漏现象。

可移植性测试：将纸杯放在温度、湿度等不同的环境中，查看纸杯是否还能正常使用。

可维护性：将纸杯揉捏变形，看其是否能恢复。

压力测试：用一根针扎在纸杯上不断增加力量，记录多大压强时针能穿透纸杯。

疲劳测试：用纸杯分别盛放水、汽油放置 24 小时，观察其渗漏情况（时间和程度）。

跌落测试：纸杯（加包装）从高处落下，查看可造成破损的高度。

震动测试：纸杯（加包装）六面震动，评估它是否能应对恶劣的公路／铁路／航空运输等。

测试数据：编写具体测试数据（略），其中可能会用到场景法、等价类划分法、边界值分析法等测试方法。

期望输出：期望输出需要查阅国际标准及用户的使用需求。

用户文档：使用手册是否对纸杯的用法、使用条件、限制条件等有详细描述。

说明书测试：查看纸杯说明书的正确性、准确性及完整性。

3. 影响软件质量的因素

现代社会处处离不开软件，为保证人们生活工作正常有序地进行，就要严格控制好软件的质量。由于软件自身的特点和目前的软件开发模式使得隐藏在软件内部的质量缺陷无法完全根除，因此每一款软件都会存在一些质量问题。影响软件质量的因素有很多，下面介绍几种比较常见的影响因素。

（1）需求模糊

在软件开发之前，确定软件需求是一项非常重要的工作，它是后面软件设计与软件开发的基础，也是最后软件验收的标准。但是软件需求是不可视的，往往也说不清楚，导致产品设计、开发人员与客户存在一定的理解误差，开发人员对软件的真正需求不明确，结果开发出的产品与实际需求不符，这势必会影响软件的质量。

除此之外，在开发过程中客户往往会一而再再而三地变更需求，导致开发人员频繁地修改代码，这可能会导致软件在设计时期存在不能调和的误差，最终影响软件的质量。

（2）软件开发缺乏规范性文件指导

现代软件开发，大多数团队都将精力放在开发成本与开发周期上，而不太重视团队成员的工作规范，导致团队成员开发"随意性"比较大，这也会影响软件质量，而且一旦最后软件出现质量问题，也很难定责，导致后期维护困难。

（3）软件开发人员问题

软件是由人开发出来的，因此个人的意识对产品的影响非常大。除了个人技术水平限制，开发人员问题还包括人员流动，新来的成员可能会继承上一任的产品接着开发下去，两个人的思维意识、技术水平等都会不同，导致软件开发前后不一致，进而影响软件质量。

（4）缺乏软件质量控制管理

在软件开发行业，并没有一个量化的指标去度量一款软件的质量，软件开发的管理人员更关注开发成本和进度，毕竟这是显而易见的，并且是可以度量的。但软件质量则不同，软件质量无法用具体的量化指标去度量，而且软件开发的质量并没有落实到具体的责任人，因此很少有人关心软件最终的质量。

1.2　软件缺陷管理

上一节已经提到，软件由于其自身的特点和目前的开发模式，隐藏在软件内部的缺陷无法根除。软件测试工作就是查找软件中存在的缺陷，反馈给开发人员使之修改，从而确保软件的质量，因此软件测试要求测试人员对软件缺陷有一个深入理解。本节将针对软件缺陷的相关知识进行详细讲解。

1.2.1 软件缺陷产生的原因

软件缺陷就是通常所说的 Bug，它是指软件中（包括程序和文档）存在的影响软件正常运行的问题。IEEE（Institute of Electrical and Electronics Engineers，电气电子工程师协会）729—1983 标准对软件缺陷有一个标准的定义：从产品内部看，缺陷是产品开发或维护过程中存在的错误、毛病等各种问题；从产品外部看，缺陷是系统运行过程中某种功能的失效或违背。

软件缺陷的产生主要是由软件产品的特点和开发过程决定的，比如需求不清晰、需求频繁变更、开发人员水平有限等。归结起来，软件缺陷产生的原因主要有以下几点。

（1）需求不明确。软件需求不清晰或者开发人员对需求理解不明确，导致软件在设计时偏离客户的需求目标，造成软件功能或特征上的缺陷。此外，在开发过程中，客户频繁变更需求也会影响软件最终的质量。

（2）软件结构复杂。如果软件系统结构比较复杂，很难设计出一个具有很好层次结构或组件结构的框架，这就会导致软件在开发、扩充、系统维护上的困难。即使能够设计出一个很好的架构，复杂的系统在实现时也会隐藏着相互作用的难题，而导致隐藏的软件缺陷。

（3）编码问题。在软件开发过程中，程序员水平参差不齐，再加上开发过程中缺乏有效的沟通和监督，问题累积越来越多，如果不能逐一解决这些问题，会导致最终软件中存在很多缺陷。

（4）项目期限短。现在大部分软件产品开发周期都很短，开发团队要在有限的时间内完成软件产品的开发，压力非常大，因此开发人员往往是在疲劳、压力大、受到干扰的状态下开发软件，这样的状态下，开发人员对待软件问题的态度是"不严重就不解决"。

（5）使用新技术。现代社会，每种技术发展都日新月异。使用新技术进行软件开发时，如果新技术本身存在不足或开发人员对新技术掌握不精，也会影响软件产品的开发过程，导致软件存在缺陷。

1.2.2 软件缺陷的分类

软件缺陷有很多，从不同的角度可以将缺陷分为不同的种类。
按照测试种类可以将软件缺陷分为界面类、功能类、性能类、安全性类、兼容性类等。
按照缺陷的严重程度可以将缺陷划分为严重、一般、次要、建议。
按照缺陷的优先级不同可以将缺陷划分为立即解决、高优先级、正常排队、低优先级。
按照缺陷的发生阶段不同可以将缺陷划分为需求阶段缺陷、构架阶段缺陷、设计阶段缺陷、编码阶段缺陷、测试阶段缺陷。
按照不同标准将软件缺陷划分成不同的种类，具体如表 1-1 所示。

表 1-1 按照不同标准划分缺陷类型

划分标准	缺陷类型				
测试种类	界面类	功能类	性能类	安全性类	兼容性类
严重程度	严重	一般	次要	建议	
优先级	立即解决	高优先级	正常排队	低优先级	
发生阶段	需求阶段	构架阶段	设计阶段	编码阶段	测试阶段

1.2.3　软件缺陷的处理流程

软件测试过程中，每个公司都制订了软件的缺陷处理流程，每个公司的软件缺陷处理流程不尽相同，但是它们遵循的最基本流程是一样的，都要经过提交、分配、确认、处理、复测、关闭等环节，如图 1-7 所示。

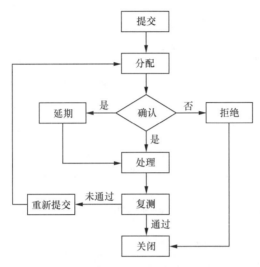

图 1-7　软件缺陷处理流程

关于图 1-7 所示的软件缺陷处理环节的具体讲解如下所示。

（1）提交：测试人员发现缺陷之后，将缺陷提交给测试组长。

（2）分配：测试组长接收到测试人员提交的缺陷之后，将其移交给开发人员。

（3）确认：开发人员接收到移交的缺陷之后，会与团队甚至测试人员一起商议，确定该缺陷是否是一个缺陷。

（4）拒绝 / 延期：如果经过商议之后，缺陷不是一个真正的缺陷则拒绝处理，关闭缺陷；如果经过商议之后，确定其是一个真正的缺陷，则可以根据缺陷的严重程度或优先级等选择立即处理或延期处理。

（5）处理：开发人员修改缺陷。

（6）复测：开发人员修改好缺陷之后，测试人员重新进行测试（复测），检测缺陷是否确实已经修改。如果未被正确修改，则重新提交缺陷。

（7）关闭：测试人员重新测试之后，如果缺陷已经被正确修改，则将缺陷关闭，整个缺陷处理完成。

▌▌▌多学一招：软件缺陷报告

在实际软件测试过程中，测试人员在提交软件测试结果时都会按照公司规定的模板（Word、Excel、缺陷管理软件等）将缺陷的详细情况记录下来生成缺陷报告，每个公司的缺陷报告模板并不相同，但一般都会包括缺陷的编号、类型、严重程度、优先级、测试环境等，有时还会有测试人员的建议。

假如有一款软件（软件名称为"掌上问答"）的登录功能存在缺陷，测试人员在测试时发现当输入的用户名超过 10 个字符时就无法登录，对于这样一个缺陷，按该公司的缺陷报告模板做一份缺陷报告，如表 1–2 所示。

表 1–2　软件缺陷报告

缺陷 ID	19000114
测试软件名称	掌上问答
测试软件版本	2.9.1
缺陷发现日期	20190301
测试人员	张三、李四
缺陷描述	该版本软件超过 10 个字符的用户名可以注册成功，但不能登录成功。当使用超过 10 个字符的用户名登录时，会显示用户名不正确的提示
附件（可附图）	（可上传出错相应图片）
缺陷类型	功能类型缺陷
缺陷严重程度	严重
缺陷优先级	立即解决
测试环境	处理器：Intel^R Core™ i3-4160 CPU @3.60 GHz 内存：8.0 GB 系统类型：Windows 10 64 位操作系统
重现步骤	（1）进入软件注册界面，注册用户，用户名为"zhangzhongbao"，单击【确认】按钮完成注册。 （2）进入软件登录界面，输入用户名"zhangzhongbao"及相应密码进行登录，单击【登录】按钮，则提示用户名不正确。 （3）使用用户名"zhangzhong"登录，显示登录成功
备注	在登录时使用不同长度、不同内容的字符串测试，结果相同，超过 10 个字符的用户名能注册成功，但登录不成功

在编写缺陷报告时要注意以下事项。

（1）每个缺陷都有一个唯一的编号，这是缺陷的标识。

（2）缺陷要有重现步骤。

（3）一个缺陷生成一份报告。

（4）缺陷报告要整洁、完整。

1.2.4　常见的软件缺陷管理工具

软件缺陷管理是软件开发项目中一个很重要的环节，选择一个好的软件缺陷管理工具可以有效地提高软件项目的进展。软件缺陷管理工具有很多，免费的、收费的应有尽有，下面介绍几个比较常用的软件缺陷管理工具。

1. Bugzilla

Bugzilla 是 Mozilla 公司提供的一款免费的软件缺陷管理工具。Bugzilla 能够建立一个完整的缺陷跟踪体系，包括缺陷跟踪、记录、缺陷报告、处理解决情况等。

使用 Bugzilla 管理软件缺陷时，测试人员可以在 Bugzilla 上提交缺陷报告，Bugzilla 会将缺陷转给相应的开发者，开发者可以使用 Bugzilla 做一个工作表，标明要做的事情的优先级、时间安排和跟踪记录。

2. 禅道

禅道是一款优秀的国产项目管理软件，它集产品管理、项目管理、质量管理、缺陷管理、文档管理、组织管理和事务管理于一体，是一款功能完备的项目管理软件，完美地覆盖了项目管理的核心流程。

禅道分为专业和开源两个版本，专业版是收费软件，开源版是免费软件，对于日常的项目管理，开源版本已经足够使用。

3. Jira

Jira 是 Atlassian 公司开发的项目与实务跟踪工具，被广泛用于缺陷跟踪、客户实务、需求收集、流程审批、任务跟踪、项目跟踪和敏捷管理等工作领域。Jira 配置灵活、功能全面、部署简单、扩展丰富、易用性好，是目前比较流行的基于 Java 架构的管理工具。

Jira 软件有两个认可度很高的特色：第 1 个是 Atlassian 公司对该开源项目免费提供缺陷跟踪服务；第 2 个是用户在购买 Jira 软件时源代码也会被购置进来，方便做二次开发。

1.3　软件测试概述

在信息技术飞速发展的今天，各种各样的软件产品越来越多，各个行业的发展都已经离不开软件，为保证软件产品的质量，软件测试工作越来越重要。但是有很多读者对于软件测试的基础知识还不是很了解，本节将针对软件测试的概念、目的与分类进行详细的讲解。

1.3.1　软件测试简介

在早期的软件开发中，软件大多是结构简单、功能有限的小规模软件，那个时候的测试就等同于调试。随着计算机软件技术的发展，调试慢慢成为软件开发不可或缺的工作内容，很多开发工具都集成了一些调试工具，但这个时候的调试还仅仅倾向于解决编译、单个方法的问题。

到 20 世纪 50 年代左右，随着软件规模越来越大，人们逐渐意识到仅仅依靠调试还不够，还需要验证接口逻辑、功能模块、不同功能模块之间的耦合等，因此需要引入一个独立的测试组织进行独立的测试。在这个阶段，人们往往将开发完成的软件产品进行集中测试，由于还没有形成测试方法论，对软件测试也没有明确定位与深入思考，测试主要是靠猜想和推断，因此测试方法比较简单，软件交付后还是存在大量问题。

经历这一阶段后，人们慢慢开始思考软件测试的真正意义。1973 年，黑泽尔（Hetzel）博士第一次对软件测试进行了定义：软件测试是对程序或系统能否完成特定任务建立信心的过程。这个观点在一段时间内比较盛行，但随着软件质量概念的提出，它又不太适用了。1983 年，黑泽尔（Heztel）博士对其进行了修改：软件测试是一项鉴定程序或系统的属性或能力的活动，其目的在于保证软件产品的质量。思想一旦爆发，就会呈现出百家争鸣的景象，这一时期，很多软件工程师或博士都提出了自己对软件测试的理解与定义。

G.J. 梅耶斯（G.J.Meyers）博士认为"软件测试是为了寻找错误而执行程序的过程"，相对于测试是为了证明程序中不存在错误，他的观点是正确的。

1983 年，IEEE 在北卡罗纳大学召开了首次关于软件测试的技术会议，然后对软件测试进行了如下定义：软件测试是使用人工或自动手段运行或测定某个系统的过程，其目的在于检验它是否满足规定的需求或是弄清楚预期结果与实际结果之间的差异。

IEEE 定义的软件测试非常明确地提出了测试是为了检验软件是否满足需求，它是一门需要经过设计、开发和维护等完整阶段的过程。

此后，软件测试便进入了一个全新的时期，形成了各种测试方法、理论与技术，测试工具也开始广泛使用，慢慢地形成了一个专门学科。

虽然软件测试得到了长足的发展，但相比于软件开发，它的发展还是相对不足，测试工作几乎全部是在软件功能模块完成或者整个软件产品完成之后才开始进行，这样发现软件缺陷之后，开发人员再进行修改，会消耗大量的人力、物力成本。20 世纪 90 年代后兴起敏捷模型的软件开发模式，促使人们对软件测试重新进行了思考，更多的人倾向于软件开发与软件测试的融合，即不再是软件完成之后再进行测试，而是从软件需求分析阶段，测试人员就参与其中，了解整个软件的需求、设计等，测试人员甚至可以提前开发测试代码，这也是我们在敏捷模型中所提到的"开发未动，测试先行"。软件开发与测试融合，虽然两者的界限变得模糊，但软件开发与测试工作的效率都得到了极大的提高，这种工作模式至今依然盛行。

归结起来，软件测试的发展过程可使用图 1-8 表示。

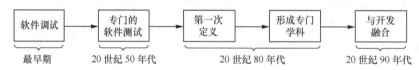

图 1-8　软件测试发展过程

如今，随着人工智能与大数据时代的到来，软件测试更是受到越来越多的重视，但现在软件测试工作还依然沿用 20 世纪的方法、理论与思想成果，并没有突破性、革命性的进展。未来，随着软件开发模型与技术的发展，软件测试的思想与方法势必也会出现里程碑式的变化，这需要更多热爱软件测试的人员积极投入研究。

1.3.2　软件测试的目的

软件测试的目的大家都能随口说出，如查找程序中的错误、保证软件质量、检验软件是否符合客户需求等。这些都对，但它们只是笼统地对软件测试目的进行了概括，比较片面。结合软件开发、软件测试与客户需求可以将软件测试的目的归结为以下几点。

（1）对于软件开发来说，软件测试通过找到的问题缺陷帮助开发人员找到开发过程中存在的问题，包括软件开发的模式、工具、技术等方面存在的问题与不足，预防下次缺陷的产生。

（2）对于软件测试来说，使用最少的人力、物力、时间等找到软件中隐藏的缺陷，保证软件的质量，也为以后软件测试积累丰富的经验。

（3）对于客户需求来说，软件测试能够检验软件是否符合客户需求，对软件质量进行评估和度量，为客户评审软件提供有力的依据。

1.3.3　软件测试的分类

目前，软件测试已经形成一个完整的、体系庞大的学科，不同的测试领域都有不同的测试方法、技术与名称，有很多读者可能也听过类似的黑盒测试、白盒测试、冒烟测试、单元测试等，其实它们是按照不同的分类方法而产生的测试名称。按照不同的分类标准，可以将软件测试分为很多不同的种类。

1. 按照测试阶段分类

按照测试阶段可以将软件测试分为单元测试、冒烟测试、集成测试、系统测试与验收测试。这种分类方式与软件开发过程相契合，是为了检验软件开发各个阶段是否符合要求。

（1）单元测试

单元测试是软件开发的第一步测试，目的是为了验证软件单元是否符合软件需求与设计。单元测试大多是开发人员进行的自测。

（2）冒烟测试

冒烟测试最初是从电路板测试得来的，当电路板做好以后，首先会加电测试，如果电路板没有冒烟再进行其他测试，否则就必须重新设计后再次测试。后来这种测试理念被引入到软件测试中。在软件测试中，冒烟测试是指软件构建版本建立后，对系统的基本功能进行简单的测试，这种测试重点验证的是程序的主要功能，而不会对具体功能进行深入测试。如果测试未通过，需要返回给开发人员进行修正；如果测试通过则再进行其他测试。因此，冒烟测试是对新构建版本软件进行的最基本测试。

（3）集成测试

集成测试是冒烟测试之后进行的测试，它是将已经测试过的软件单元组合在一起测试它们之间的接口，用于验证软件是否满足设计需求。

（4）系统测试

系统测试是将经过测试的软件在实际环境中运行，并与其他系统的成分（如数据库、硬件和操作人员等）组合在一起进行的测试。

（5）验收测试

验收测试主要是对软件产品说明进行验证，逐行逐字地按照说明书的描述对软件产品进行测试，确保其符合客户的各项要求。

2. 按照测试技术分类

按照使用的测试技术可以将软件测试分为黑盒测试与白盒测试。

（1）黑盒测试

黑盒测试就是把软件（程序）当作一个有输入与输出的黑匣子，它把程序当作一个输入域到输出域的映射，只要输入的数据能输出预期的结果即可，不必关心程序内部是怎么样实现的，如图 1-9 所示。

（2）白盒测试

白盒测试又叫透明盒测试，它是指测试人员了解软件程序的逻辑结构、路径与运行过程，在测试时，按照程序的执行路径得出结果。白盒测试就是把软件（程序）当作一个透明的盒子，测试人员清楚地知道从输入到输出的每一步过程，如图 1-10 所示。

相对于黑盒测试来说，白盒测试对测试人员的要求会更高一点，它要求测试人员具有一定的编程能力，而且要熟悉各种脚本语言。但是在软件公司里，黑盒测试与白盒测试并不是界限分明的，在测试一款软件时往往是黑盒测试与白盒测试相结合对软件进行完整全面的测试。

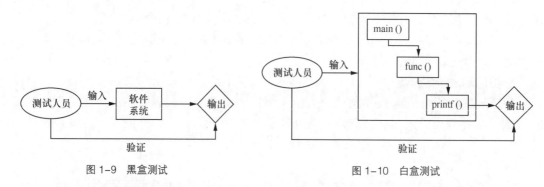

图 1-9 黑盒测试   图 1-10 白盒测试

3. 按照软件质量特性分类

按照软件质量特性可以将软件测试分为功能测试与性能测试。

（1）功能测试

功能测试就是测试软件的功能是否满足客户的需求，包括准确性、易用性、适合性、互操作性等。

（2）性能测试

性能测试就是测试软件的性能是否满足客户的需求，性能测试包括负载测试、压力测试、兼容性测试、可移植性测试和健壮性测试等。

4. 按照自动化程度分类

按照自动化程度可以将软件测试分为手工测试与自动化测试。

（1）手工测试

手工测试是测试人员一条一条地执行代码完成测试工作。手工测试比较耗时费力，而且测试人员如果是在疲惫状态下，则很难保证测试的效果。

（2）自动化测试

自动化测试是借助脚本、自动化测试工具等完成相应的测试工作，它也需要人工的参与，但是它可以将要执行的测试代码或流程写成脚本，执行脚本完成整个测试工作。

5. 按照测试类型分类

软件测试类型有多种，包括界面类测试、功能测试、性能测试、安全性测试、文档测试等，其中功能测试与性能测试前面已经介绍，下面主要介绍其他几种测试。

（1）界面类测试

界面类测试是验证软件界面是否符合客户需求，包括界面布局是否美观、按钮是否齐全等。

（2）安全性测试

安全性测试是测试软件在没有授权的内部或外部用户的攻击或恶意破坏时如何进行处理，是否能保证软件与数据的安全。

（3）文档测试

文档测试以需求分析、软件设计、用户手册、安装手册为主，主要验证文档说明与实际软件之间是否存在差异。

6. 其他分类

还有一些软件测试无法具体归到哪一类，但在测试行业中也会经常进行这些测试，如 α测试、β 测试、回归测试等，具体介绍如下。

（1）α 测试

α 测试是指对软件最初版本进行测试。软件最初版本一般不对外发布，在上线之前，由开发人员和测试人员或者用户协助进行测试。测试人员记录使用过程中出现的错误与问题，整个测试过程是可控的。

（2）β 测试

β 测试是指对上线之后的软件版本进行测试，此时软件已上线发布，但发布的版本中可能会存在较轻微的 Bug，由用户在使用过程中发现错误与问题并进行记录，然后反馈给开发人员进行修复。

小提示：根据软件开发版本周期划分软件测试

根据软件开发版本周期进行划分，可以将软件测试分为预览版本 Preview 测试、内部测试版本 Alpha 测试、公测版本 Beta 测试、候选版本 Release 测试。在这些测试完成之后产品就可以正式发布上线。

（3）回归测试

当测试人员发现缺陷以后，会将缺陷提交给开发人员，开发人员对程序进行修改，修改之后，测试人员会对修改后的程序重新进行测试，确认原有的缺陷已经消除并且没有引入新的缺陷，这个重新测试的过程就叫作回归测试。回归测试是软件测试工作中非常重要的一部分，软件开发的各个阶段都会进行多次回归测试。

（4）随机测试

随机测试是没有测试用例、检查列表、脚本或指令的测试，它主要是根据测试人员的经验对软件进行功能和性能抽查。随机测试是根据测试用例说明书执行测试用例的重要补充手段，是保证测试覆盖完整性的有效方式和过程。

1.4　软件测试与软件开发

软件开发与软件测试都是软件项目中非常重要的组成部分，软件开发是生产制造软件产品，软件测试是检验软件产品是否合格，两者密切合作才能保证软件产品的质量。

1.4.1　软件测试与软件开发的关系

软件中出现的问题并不一定都是由编码引起的，软件在编码之前都会经过问题定义、需求分析、软件设计等阶段，软件中的问题也可能是前期阶段引起的，如需求不清晰、软件设计有纰漏等，因此在软件项目的各个阶段进行测试是非常有必要的。测试人员从软件项目规划开始就参与其中，了解整个项目的过程，及时查找软件中存在的问题，改善软件的质量。软件测试在项目各个阶段的作用如下所示。

（1）项目规划阶段：负责从单元测试到系统测试的整个测试阶段的监控。

（2）需求分析阶段：确定测试需求分析，即确定在项目中需要测试什么，同时制订系统测试计划。

（3）概要设计与详细设计阶段：制订单元测试计划和集成测试计划。

（4）编码阶段：开发相应的测试代码和测试脚本。

（5）测试阶段：实施测试并提交相应的测试报告。

　　软件测试贯穿软件项目的整个过程，但它的实施过程与软件开发并不相同。软件开发是自顶向下、逐步细化的过程，软件计划阶段定义软件作用域，软件需求分析阶段建立软件信息域、功能和性能需求等，软件设计阶段选定编程语言、设计模块接口等；软件测试与软件开发过程相反，它是自底向上、逐步集成的过程，首先进行单元测试，排除模块内部逻辑与功能上的缺陷，然后按照软件设计需求将模块集成并进行集成测试，检测子系统或系统结构上的错误，最后运行完整的系统，进行系统测试，检验其是否满足软件需求。

　　软件测试与软件开发的关系可用图 1-11 表示，其中图 1-11（b）为图 1-11（a）的细化。

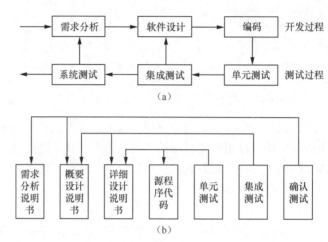

图 1-11　软件测试与软件开发的关系

1.4.2　常见的软件测试模型

　　在软件开发过程中，人们根据经验教训并结合未来软件的发展趋势总结出了很多软件开发模型，如瀑布模型、快速原型模型、迭代模型等，这些模型对软件开发过程具有很好的指导作用，但遗憾的是它们对软件测试并没有给予足够的重视，利用这些模型无法更好地指导软件测试工作。

　　软件测试是与软件开发紧密相关的一系列有计划的活动，是保证软件质量的重要手段，因此人们又相继设计了很多软件测试模型用于指导测试工作。软件测试模型兼顾了软件开发过程，对软件开发和测试进行了很好的融合，它既明确了软件开发与测试之间的关系，又使测试过程与开发过程产生交互，是测试工作的重要参考依据。

　　软件测试模型对测试工作具有指导作用，对测试效果与质量都有很大的影响，很多测试专家在实践中不断改进创新，创建了很多实用的软件测试模型。下面介绍几种比较重要的软件测试模型。

1. V 模型

　　V 模型是由保罗·鲁克（Paul Rook）在 20 世纪 80 年代提出的，它是软件测试模型中最具有代表性的模型之一。V 模型是瀑布模型的变种，在瀑布模型的后半部分添加了测试工作，如图 1-12 所示。

　　V 模型描述了基本的开发过程与测试行为，主要反映了测试活动分析与设计之间的关系。它非常明确地表明了测试过程所包含的不同级别，以及测试各阶段与开发各阶段所对应的关系。V 模型的左边是自上而下、逐步细化的开发过程，右边是自下而上、逐步集成的过程，这也符合了软件开发与软件测试的关系。

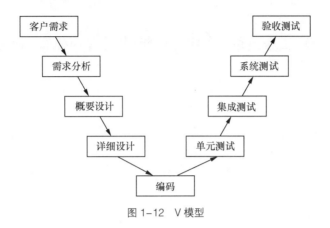

图 1-12　V 模型

V 模型应用瀑布模型的思想将复杂的测试工作分成了目标明确的小阶段来完成，具有阶段性、顺序性和依赖性，它既包含了对于源代码的底层测试，也包含了对于软件需求的高层测试。但是 V 模型也有一定的局限性，它只有在编码之后才能开始测试，早期的需求分析等前期工作没有涵盖其中，因此它不能发现需求分析等早期的错误，这为后期的系统测试、验收测试埋下了隐患。

2. W 模型

W 模型是由 V 模型演变而来的，它强调测试应伴随整个软件生命周期。其实 W 模型是一个双 V 模型，软件开发是一个 V 模型，而软件测试是与开发同步进行的另一个 V 模型，如图 1-13 所示。

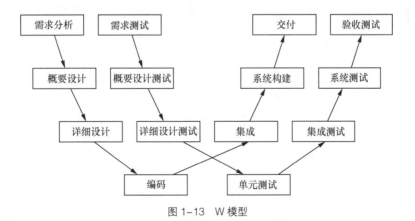

图 1-13　W 模型

W 模型的测试范围不仅包括程序，还包括需求分析、软件设计等前期工作，这样有利于尽早地全面发现问题。但是 W 模型也有自己的局限性，它将软件开发过程分成需求、设计、编码、集成等一系列的串行活动，无法支持迭代、自发性等需要变更调整的项目。

3. H 模型

为了解决 V 模型与 W 模型存在的问题，有专家提出了 H 模型，H 模型将测试活动完全独立了出来，形成一个完全独立的流程，这个流程将测试准备活动和测试执行活动清晰地体现出来。测试流程和其他工作流程是并发执行的，只要某一个工作流程的条件成熟就可以开始进行测试。例如在概要设计工作流程上完成一个测试，其过程如图 1-14 所示。

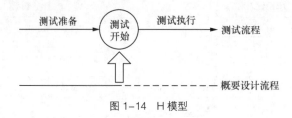

图 1-14　H 模型

图 1-14 只是体现了软件生命周期中概要设计层次上的一个测试"微循环"。在 H 模型中，测试级别不存在严格的次序关系，软件生命周期的各阶段的测试工作可以反复触发、迭代，即不同的测试可以反复迭代地进行。在实际测试工作中，H 模型并无太多指导意义，读者重点是理解其中的设计意义。

4. X 模型

X 模型的设计原理是将程序分成多个片段反复迭代测试，然后将多个片段集成再进行迭代测试，如图 1-15 所示。

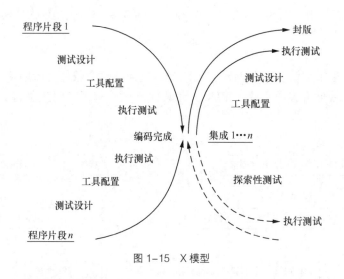

图 1-15　X 模型

X 模型左边描述的是针对单独程序片段进行的相互分离的编码和测试，多个程序片段进行频繁的交接，在 X 模型的右上部分，将多个片段集成为一个可执行的程序再进行测试。通过集成测试的产品可以进行更大规模的集成，也可以进行封装提交给客户。

在 X 模型的右下部分还定位了探索性测试，它能够帮助有经验的测试人员发现更多测试计划之外的软件错误，但这对测试人员要求会高一些。

上面共介绍了 4 种软件测试模型，在实际测试工作中，测试人员更多的是结合 W 模型与 H 模型进行工作，软件各个方面的测试内容是以 W 模型为准，而测试周期、测试计划和进度是以 H 模型为指导。X 模型更多是作为最终测试、熟练性测试的模板，例如对一个业务测试已经有 2 年时间，则可以使用 X 模型进行模块化的、探索性的方向测试。

1.5　软件测试的原则

软件测试经过几十年的发展，人们提出了很多测试的基本原则用于指导软件测试工作。制定软件测试的基本原则有助于提高测试工作的效率和质量，能让测试人员以最少的人力、物力、时间等尽早发现软件中存在的问题，测试人员应该在测试原则的指导下进行测试工作。下面介绍一下业界公认的 6 个基本原则。

1. 测试应基于客户需求

所有的测试工作都应该建立在满足客户需求的基础上，从客户角度来看，最严重的错误就是软件无法满足要求。有时候，软件产品的测试结果非常完美，但却不是客户最终想要的产品，那么软件产品的开发就是失败的，而测试工作也是没有任何意义的。因此测试应依照客户的需求配置环境，并且按照客户的使用习惯进行测试并评价结果。

2. 测试要尽早进行

软件的错误存在于软件生命周期的各个阶段，因此应该尽早开展测试工作，把软件测试贯穿到软件生命周期的各个阶段中，这样测试人员能够尽早地发现和预防错误，降低错误修复的成本。尽早地开展测试工作有利于帮助测试人员了解软件产品的需求和设计，从而预测测试的难度和风险，制订出完善的计划和方案，提高测试的效率。

3. 穷尽测试是不可能的

由于时间和资源的限制，进行完全（各种输入和输出的全部组合）的测试是不可能的，测试人员可以根据测试的风险和优先级等确定测试的关注点，从而控制测试的工作量，在测试成本、风险和收益之间求得平衡。

4. 遵循 GoodEnough 原则

GoodEnough 原则是指测试的投入与产出要适当权衡，形成充分的质量评估过程，这个过程建立在测试花费的代价之上。测试不充分无法保证软件产品的质量，但测试投入过多会造成资源的浪费。随着测试资源投入的增加，测试的产出也是增加的，但当投入达到一定的比例后，测试的效果就不会明显增强了。因此在测试时要根据实际要求和产品质量考虑测试的投入，最好使测试投入与产出达到一个 GoodEnough 状态。

5. 测试缺陷要符合“二八”定理

缺陷的“二八”定理也称为 Pareto 原则、缺陷集群效应，一般情况下，软件 80% 的缺陷会集中在 20% 的模块中，缺陷并不是平均分布的。因此在测试时，要抓住主要矛盾，如果发现某些模块比其他模块具有更多的缺陷，则要投入更多的人力、精力重点测试这些模块以提高测试效率。

6. 避免缺陷免疫

我们都知道虫子的抗药性原理，即一种药物使用久了，虫子就会产生抗药性。而在软件测试中，缺陷也是会产生免疫性的。同样的测试用例被反复使用，发现缺陷的能力就会越来越差；测试人员对软件越熟悉越会忽略一些看起来比较小的问题，发现缺陷的能力也越差，这种现象被称为软件测试的“杀虫剂”现象。它主要是由于测试人员没有及时更新测试用例或者是对测试用例和测试对象过于熟悉，形成了思维定式。

要克服这种情况，就要不断对测试用例进行修改和评审，不断增加新的测试用例，同时，测试人员也要发散思维，不能只是为了完成测试任务而做一些输入和输出的对比。

最后，没有缺陷的软件是不存在的，软件测试是为了找出软件测试中的缺陷，而不是为了证明软件没有缺陷。

1.6 软件测试的基本流程

软件测试和软件开发一样，是一个比较复杂的工作过程，如果无章法可循，随意进行测试势必会造成测试工作的混乱。为了使测试工作标准化、规范化，并且快速、高效、高质量地完成测试工作，需要制订完整且具体的测试流程。

1.6.1 软件测试的流程

不同类型的软件产品测试的方式和重点不一样，测试流程也会不一样。同样类型的软件产品，不同的公司所制订的测试流程也会不一样。虽然不同软件的详细测试步骤不同，但它们所遵循的最基本的测试流程是一样的：分析测试需求→制订测试计划→设计测试用例→执行测试→编写测试报告。下面对软件测试基本流程进行简单介绍。

（1）分析测试需求

测试人员在制订测试计划之前需要先对软件需求进行分析，以便对要开发的软件产品有一个清晰的认识，从而明确测试对象及测试工作的范围和测试重点。在分析需求时还可以获取一些测试数据，作为测试计划的基本依据，为后续的测试打好基础。

测试需求分析其实也是对软件需求进行测试，测试人员可以发现软件需求中不合理的地方，如需求描述是否完整、准确无歧义，需求优先级安排是否合理等。测试人员一般会根据软件开发需求文档制作一个软件需求规格说明书检查列表，按照各个检查项对软件需求进行分析校验，如表1-3所示。

表1-3 软件需求规格说明书检查列表

序号	检查项	检查结果	说明
1	是否覆盖了客户提出的所有需求项	是【 】否【 】NA【 】	
2	用词是否清晰、语义是否存在歧义	是【 】否【 】NA【 】	
3	是否清楚地描述了软件需要做什么以及不做什么	是【 】否【 】NA【 】	
4	是否描述了软件的目标环境，包括软硬件环境	是【 】否【 】NA【 】	
5	是否对需求项进行了合理的编号	是【 】否【 】NA【 】	
6	需求项是否前后一致、彼此不冲突	是【 】否【 】NA【 】	
7	是否清楚地说明了软件的每个输入、输出格式，以及输入与输出之间的对应关系	是【 】否【 】NA【 】	
8	是否清晰地描述了软件系统的性能要求	是【 】否【 】NA【 】	
9	需求的优先级是否合理分配	是【 】否【 】NA【 】	
10	是否描述了各种约束条件	是【 】否【 】NA【 】	

表1-3列出了需要对软件需求进行什么样的检查，测试人员按照检查项逐条检查和判

断，如果满足要求则选择"是"，如果不满足要求则选择"否"，如果某个检查项不适用则选择"NA"。表 1-3 只是一个通用的软件需求规格说明书检查列表，在实际测试中，要根据具体的测试项目进行适当的增减或修改。

在分析测试需求时要注意，被确定的测试需求必须是可核实的，测试需求必须有一个可观察、可评测的结果。无法核实的需求就不是测试需求。测试需求分析还要与客户进行交流，以澄清某些混淆，确保测试人员与客户尽早地对项目达成共识。

（2）制订测试计划

测试工作贯穿于整个软件开发生命周期，是一项庞大而复杂的工作，需要制订一个完整且详细的测试计划作为指导。测试计划是整个测试工作的导航图，但它并不是一成不变的，随着项目推进或需求变更，测试计划也会不断发生改变，因此测试计划的制订是随着项目发展不断调整、逐步完善的过程。

测试计划一般要做好以下工作安排。

① 确定测试范围：明确哪些对象是需要测试的，哪些对象不是需要测试的。

② 制订测试策略：测试策略是测试计划中最重要的部分，它将要测试的内容划分出不同的优先级，并确定测试重点。根据测试模块的特点和测试类型（如功能测试、性能测试）选定测试环境和测试方法（如人工测试、自动化测试）。

③ 安排测试资源：通过衡量测试难度、时间、工作量等因素对测试资源进行合理安排，包括人员分配、工具配置等。

④ 安排测试进度：根据软件开发计划、产品的整体计划来安排测试工作的进度，同时还要考虑各部分工作的变化。在安排工作进度时，最好在各项测试工作之间预留一个缓冲时间以应对计划变更。

⑤ 预估测试风险：罗列出测试工作过程中可能会出现的不确定因素，并制订应对策略。

（3）设计测试用例

测试用例（Test Case）指的是一套详细的测试方案，包括测试环境、测试步骤、测试数据和预期结果。不同的公司会有不同的测试用例模板，虽然它们在风格和样式上有所不同，但本质上是一样的，都包括了测试用例的基本要素。

测试用例编写的原则是尽量以最少的测试用例达到最大测试覆盖率。测试用例常用的设计方法包括等价类划分法、边界值分析法、因果图与判定表法、正交实验设计法、逻辑覆盖法等，这些设计方法在后面的章节中会陆续讲解。

（4）执行测试

执行测试就是按照测试用例进行测试的过程，这是测试人员最主要的活动阶段。在执行测试时要根据测试用例的优先级进行。测试执行过程看似简单，只要按照测试用例完成测试工作即可，但实则并不如此。测试用例的数目非常多，测试人员需要完成所有测试用例的执行，每一个测试用例都可能会发现很多缺陷，测试人员要做好测试记录与跟踪，衡量缺陷的质量并编写缺陷报告。

当提交后的缺陷被开发人员修改之后，测试人员需要进行回归测试。如果系统对测试用例产生了缺陷免疫，测试人员则需要编写新的测试用例。在单元测试、集成测试、系统测试、验收测试各个阶段都要进行功能测试、性能测试等，这个工作量无疑是巨大的。除此之外，测试人员还需要对文档资料，如用户手册、安装手册、使用说明等进行测试。因此不要简单地认为执行测试就是按部就班地完成任务，可以说这个阶段是测试人员最重要的工作阶段。

（5）编写测试报告

测试报告是对一个测试活动的总结，对项目测试过程进行归纳，对测试数据进行统计，对项目的测试质量进行客观评价。不同公司的测试报告模板虽不相同，但测试报告的编写要点都是一样的，一般都是先对软件进行简单介绍，然后说明这份报告是对该产品的测试过程进行总结，对测试质量进行评价。

一份完整的测试报告必须包含以下几个要点。

· 引言：描述测试报告编写目的、报告中出现的专业术语解释及参考资料等。

· 测试概要：介绍项目背景、测试时间、测试地点及测试人员等信息。

· 测试内容及执行情况：描述本次测试模块的版本、测试类型，使用的测试用例设计方法及测试通过覆盖率，依据测试的通过情况提供对测试执行过程的评估结论，并给出测试执行活动的改进建议，以供后续测试执行活动借鉴参考。

· 缺陷统计与分析：统计本次测试所发现的缺陷数目、类型等，分析缺陷产生的原因，给出规避措施等建议，同时还要记录残留缺陷与未解决问题。

· 测试结论与建议：从需求符合度、功能正确性、性能指标等多个维度对版本质量进行总体评价，给出具体明确的结论。

· 测试报告的数据是真实的，每一条结论的得出都要有评价依据，不能是主观臆断的。

多学一招：测试的准入准出

测试的准入准出是指什么情况下可以开始当前版本的测试工作，什么情况下可以结束当前版本的测试工作。不同项目、不同公司的测试准入准出标准都会有所不同。下面介绍一些通用的测试准入准出标准。

测试准入标准如下。

（1）开发编码结束，开发人员在开发环境中已经进行了单元测试，即开发人员完成自测。

（2）软件需求上规定的功能都已经实现。如果没有完全实现，开发人员提供测试范围。

（3）测试项目通过基本的冒烟测试，界面上的功能均已经实现，符合设计规定的功能。

（4）被测试项目的代码符合软件编码规范并已通过评审。

（5）开发人员提交了测试申请并提供了相应的文档资料。

测试准出标准如下。

（1）测试项目满足客户需求。

（2）所有测试用例都已经通过评审并成功执行。

（3）测试覆盖率已经达到要求。

（4）所有发现的缺陷都记录在缺陷管理系统。

（5）一、二级错误修复率达到100%。

（6）三、四级错误修复率达到了95%。

（7）所有遗留问题都有解决方案。

（8）测试项目的功能、性能、安全性等都满足要求。

（9）完成系统测试总结报告。

有时，在测试过程中可能会出现一些意外情况导致测试工作暂停，这个暂停并不是上述所说的测试结束，而是非正常的。测试中需要暂停的情况包括以下几种。

（1）测试人员进行冒烟测试时发现重大缺陷，导致测试无法正常进行，需要暂停并返回开发。

（2）测试人员进行冒烟测试时发现 Bug 过多，可以申请暂停测试，返回开发。

（3）测试项目需要更新调整而暂停，测试工作也要相应暂停。

（4）如果测试人员有其他优先级更高的任务，可以申请暂停测试。

1.6.2　实例：摩拜单车 App 开锁用车功能测试流程

摩拜单车是我们经常使用的一款软件，功能也相对简单，下面以测试摩拜单车 App 的开锁用车功能为例来演示一下软件测试的流程。

摩拜单车的业务流程如图 1–16 所示。

由图 1–16 可知，摩拜单车 App 的功能包括注册 / 登录、搜索、开锁用车、骑行、锁车、支付等，本次测试是测试其中的开锁用车功能。

（1）骑行、分析测试需求

测试人员对软件需求进行分析，并确定要测试的功能是开锁用车。摩拜单车可以通过 2 种方式开锁：扫描车上二维码开锁、输入车辆编号开锁。但是，如果在晚上通过扫描二维码的方式开锁，需要调取手机的手电筒功能，因此测试摩拜单车的用车功能需要测试以下 3 个内容。

① 扫描二维码开锁。

② 输入车辆编号开锁。

③ 调取手机手电筒。

分析得出测试需求之后，可使用表 1–3 对软件需求分析进行检查，如果有不合理的地方可以进行更正。

（2）制订测试计划

测试计划需要做好整体测试工作安排，它所包含的内容比较多，测试计划书也会分为多个阶段制订。由于篇幅限制，本书只针对"开锁用车"功能点做一个简单的测试计划，如表 1–4 所示。

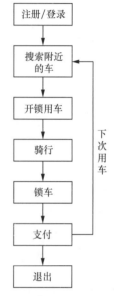

图 1–16　摩拜单车业务流程图

表 1–4　摩拜单车 App"开锁用车"功能测试计划

软件版本	摩拜单车 App 8.10.0 版本
模块	开锁用车
负责人	测试组长
测试人员	测试员 1、测试员 2
测试时间	2019.3.1 ～ 2019.3.3
测试用例	001 ～ 012
回归测试时间	2019.4.10 ～ 2019.4.13

表 1–4 描述了"开锁"模块的测试计划，包括软件的版本、测试的模块、人员与时间安排以及所使用的测试用例。

需要注意的是，测试计划是一份完整且详细的文档，表格只是描述了其中一部分内容，读者不能认为测试计划就是一个简单的表格。

（3）设计测试用例

本次测试的重点是开锁用车，在设计测试用例时需要考虑到用车的实际场景。

① 白天：扫码开锁。

② 白天：手动输入车辆编号开锁。

③ 晚上：扫码 + 手电筒开锁。

④ 晚上：手动输入车辆编号开锁。

这里需要注意的是开锁用车模块与其他模块的关联，在开锁时，如果有正在运行的订单或者有未支付的订单，则无法开锁。综合考虑上述情况可以设计出多个开锁用车的测试用例，如表 1–5 所示。

表 1–5　摩拜单车 App 开锁用车测试用例

序号	用例说明	前置操作	操作	预期结果	备注
001	开锁	没有正在运行的订单，也没有未支付的订单	白天扫码	进入数码解锁页面	
002	开锁	有正在运行的订单	白天扫码	无法开锁，提示正在骑行，需结束骑行并支付才能解锁	
003	开锁	有未支付的订单	白天扫码	无法开锁，提示支付未支付订单后才能解锁	
004	开锁	没有正在运行的订单，也没有未支付的订单	白天手动输入车辆编号	进入数码解锁页面	
005	开锁	有正在运行的订单	白天手动输入车辆编号	无法开锁，提示正在骑行，需结束骑行并支付才能解锁	
006	开锁	有未支付的订单	白天手动输入车辆编号	无法开锁，提示支付未支付订单后才能解锁	
007	开锁	没有正在运行的订单，也没有未支付的订单	晚上扫码	开启手机手电筒，扫码成功，进入数码解锁页面	
008	开锁	有正在运行的订单	晚上扫码	无法开锁，提示正在骑行，需结束骑行并支付才能解锁	
009	开锁	有未支付的订单	晚上扫码	无法开启手电筒，提示支付未支付订单后才能解锁	
010	开锁	没有正在运行的订单，也没有未支付的订单	晚上手动输入车辆编号	进入数码解锁页面	
011	开锁	有正在运行的订单	晚上手动输入车辆编号	无法开锁，提示正在骑行，需结束骑行并支付才能解锁	
012	开锁	有未支付的订单	晚上手动输入车辆编号	无法开锁，提示支付未支付订单后才能解锁	

表 1–5 设计了 12 个测试用例，使用这 12 个测试用例可以测试出所有场景下的开锁用车情况。需要注意的是，表 1–5 中的测试用例是经过简化的，实际测试中，测试用例的设计步骤比较详细，内容也比较复杂。

（4）测试执行

执行测试用例，对测试过程进行记录和跟踪。对于测试发现的缺陷整理成缺陷报告。例如，在执行编号为 007 的测试用例时，开启扫码功能却没有成功打开手机的手电筒，导致夜晚环境下无法准确扫取摩拜单车上的二维码，不能成功开锁用车。这与该测试用例的预期结果不符，是一个软件缺陷。

对上述缺陷进行整理，形成一份简易缺陷报告，如表 1-6 所示。

表 1-6　摩拜单车 App 开锁用车测试的简易缺陷报告

缺陷 ID	1900210006
测试软件名称	摩拜单车 App
测试软件版本	8.10.0
缺陷发现日期	20190302
测试人员	测试员 1、测试员 2
缺陷描述	该版本的开锁用车功能在晚上扫码开锁时，无法启动手电筒，导致扫码不成功而无法完成开锁功能
附件（可附图）	附图 1（链接）
缺陷类型	功能类型缺陷
缺陷严重程度	严重
缺陷优先级	立即解决
测试环境	手机信息：华为 honor AAL-AL20 内存：4.0 GB 系统类型：Android 8.0.0 操作系统
重现步骤	（1）进入摩拜单车 App 页面，单击"扫码开锁"按钮 （2）手电筒未打开，扫取摩拜单车二维码，扫取失败
备注	无

测试完毕后，测试人员将缺陷报告提交给开发人员，开发人员会根据缺陷的严重程度与优先级安排时间修改。当修改完毕后，会将新版本的软件提交给测试人员，测试人员再进行回归测试以验证之前的缺陷是否被修改且是否引入新的缺陷。

（5）编写完整测试报告

本次测试结束之后（包括回归测试），需要编写一个完整的测试报告，测试报告的内容非常多，一般都是长达十几页甚至几十页的 Word 文档，或者是在相应的软件测试管理工具中编写，因此本书无法在此处给出一份详尽的测试报告。

摩拜单车 App 开锁用车的完整测试报告可以参考下列目录编写。

摩拜单车 App 开锁用车的完整测试报告

一、引言

1. 目的

2. 术语解释

3. 参考资料

二、测试概要

1. 项目简介

2. 测试环境

3. 测试时间、地点及人员

三、测试内容及执行情况

1. 测试目标

2. 测试范围

3. 测试用例使用情况

4. 回归测试

四、缺陷统计与分析

1. 缺陷数目与类型

2. 缺陷的解决情况

3. 缺陷的趋势分析

五、测试分析

1. 测试覆盖率分析

2. 需求符合度分析

3. 功能正确性分析

4. 产品质量分析

5. 测试局限性

六、测试总结

1. 遗留问题

2. 测试经验总结

七、附件

1. 测试用例清单

2. 缺陷清单

3. 交付的测试工作产品

4. 遗留问题报告

1.7 本章小结

本章对软件测试基础知识进行了讲解，首先介绍了软件相关的知识，包括软件生命周期、软件开发模型、软件质量等；其次讲解了软件缺陷管理，包括软件缺陷产生的原因、分类、处理流程及常用的缺陷管理工具；接着讲解了软件测试的概念、目的、分类、软件测试与软件开发的关系、软件测试的原则；最后讲解了软件测试的基本流程，并且通过摩拜单车 App 开锁功能的测试让读者简单认识了一下软件测试的基本流程。本章的知识细碎且独立，但却是软件测试入门的必备知识，为后续章节更深入地学习软件测试打下坚实的基础。

1.8　本章习题

一、填空题

1. 软件从"出生"到"消亡"的过程称为_____。

2. 早期的线性开发模型称为_____开发模型。

3. 引入风险分析的开发模型为_____开发模型。

4. ISO/IEC 9126:1991 标准提出的质量模型包括_____、_____、_____、_____、_____、_____6 大特性。

5. 按照缺陷的严重程度可以将缺陷划分为_____、_____、_____、_____。

6. 验证软件单元是否符合软件需求与设计的测试称为_____。

7. 对程序的逻辑结构、路径与运行过程进行的测试称为_____。

8. 有一种测试模型，测试与开发并行进行，这种测试模型称为_____模型。

二、判断题

1. 现在比较流行的软件开发模型为螺旋模型。（　）

2. 软件存在缺陷是由于开发人员水平有限引起的，一个非常优秀的程序员可以开发出零缺陷的软件。（　）

3. 软件缺陷都存在于程序代码中。（　）

4. 软件测试是为了证明程序无错。（　）

5. 软件测试 H 模型融入了探索测试。（　）

6. 软件测试要投入尽可能多的精力以达到 100% 的覆盖率。（　）

三、单选题

1. 下列选项中，哪一项不是软件开发模型？（　）

　A. V 模型　　　　　　　　　　B. 快速模型

　C. 螺旋模型　　　　　　　　　D. 敏捷模型

2. 下列选项中，哪一项不是影响软件质量的因素。（　）

　A. 需求模糊　　　　　　　　　B. 缺乏规范的文档指导

　C. 软件测试要求太严格　　　　D. 开发人员技术有限

3. 下列哪一项不是软件缺陷产生的原因？（　）

　A. 需求不明确　　　　　　　　B. 测试用例设计不好

　C. 软件结构复杂　　　　　　　D. 项目周期短

4. 关于软件缺陷，下列说法中错误的是（　）。

　A. 软件缺陷是软件中（包括程序和文档）存在的影响软件正常运行的问题。

　B. 按照缺陷的优先级不同可以将缺陷划分为立即解决、高优先级、正常排队、低优先级

　C. 缺陷报告有统一的模板，该模板是 IEEE 729—1983 制定的

　D. 每个缺陷都有一个唯一的编号，这是缺陷的标识

5. 关于软件测试，下列说法中错误的是（　）。

　A. 在早期的软件开发中，测试就等同于调试

B. 软件测试是使用人工或自动手段来运行或测定某个系统的过程

C. 软件测试的目的在于检验它是否满足规定的需求或是弄清楚预期结果与实际结果之间的差异

D. 软件测试与软件开发是两个独立、分离的过程

6. 下列哪一项不是软件测试的原则？（　　）

　　A. 测试应基于客户需求　　　　　　　B. 测试越晚进行越好

　　C. 穷尽测试是不可以的　　　　　　　D. 软件测试应遵循 GoodEnough 原则

四、简答题

1. 请简述软件缺陷的处理流程。

2. 请简述软件测试的基本流程。

第 2 章

黑盒测试方法

★掌握等价类划分法

★掌握边界值分析法

★掌握因果图与决策表法

★了解正交实验设计法

黑盒测试是软件测试中经常使用的一种测试手段，常用的黑盒测试方法包括等价类划分法、边界值分析法、因果图与决策表法、正交实验设计法等，这些方法非常实用，本章将针对黑盒测试常用方法进行详细的讲解。

2.1　等价类划分法

等价类划分法是一种常用的黑盒测试方法，它主张从大量的数据中选择一部分数据用于测试，即尽可能使用最少的测试用例覆盖最多的数据，以发现更多的软件缺陷。本节将针对等价类划分法的概念及使用进行详细的讲解。

2.1.1　等价类划分法概述

一个程序可以有多个输入，等价类划分就是将这些输入数据按照输入需求进行分类，将它们划分为若干个子集，这些子集即为等价类，在每个等价类中选择有代表性的数据设计测试用例。这种方法类似于学生站队，男生站左边，女生站右边，老师站中间，这样就把师生群体划分成了 3 个等价类。

使用等价类划分法测试程序需要经过划分等价类和设计测试用例 2 个步骤，具体介绍如下。

1. 划分等价类

等价类可分为有效等价类与无效等价类，其含义如下所示。

（1）有效等价类：有效等价类就是有效值的集合，它们是符合程序要求、合理且有意义的输入数据。

（2）无效等价类：无效等价类就是无效值的集合，它们是不符合程序要求、不合理或无意义的输入数据。

了解了有效等价类与无效等价类，那么如何划分等价类呢？一般在划分等价类时需要遵守以下原则。

（1）如果程序要求输入值是一个有限区间的值，则可以将输入数据划分为 1 个有效等价类和 2 个无效等价类，有效等价类为指定的取值区间，两个无效等价类分别为有限区间两边的值。例如，某程序要求输入值 x 的范围为 [1,100]，则有效等价类为 $1 \leqslant x \leqslant 100$，无效等价类为 $x<1$ 和 $x>100$。

（2）如果程序要求输入的值是一个"必须成立"的情况，则可以将输入数据划分为 1 个有效等价类和 1 个无效等价类。例如，某程序要求密码正确，则正确的密码为有效等价类，错误的密码为无效等价类。

（3）如果程序要求输入数据是一组可能的值，或者要求输入值必须符合某个条件，则可以将输入数据划分为 1 个有效等价类和 1 个无效等价类。例如，某程序要求输入数据必须是以数字开头的字符串，则以数字开头的字符串是有效等价类，不是以数字开头的字符串是无效等价类。

（4）如果在某一个等价类中，每个输入数据在程序中的处理方式都不相同，则应将该等价类划分成更小的等价类，并建立等价表。

同一个等价类中的数据发现程序缺陷的能力是相同的，如果使用等价类中的一个数据不能捕获缺陷，那么使用等价类中的其他数据也不能捕获缺陷；同样，如果等价类中的一个数据能够捕获缺陷，那么该等价类中的其他数据也能捕获缺陷，即等价类中的所有输入数据都是等效的。

正确地划分等价类可以极大地降低测试用例的数量，测试会更准确有效。划分等价类时不但要考虑有效等价类，还要考虑无效等价类，对于等价类要认真分析、审查划分，过于粗略的划分可能会漏掉软件缺陷，如果错误地将两个不同的等价类当作一个等价类，则会遗漏测试情况。例如，某程序要求输入取值范围在 1 ~ 100 之间的整数，若一个测试用例输入了数据 0.6，则在测试中很可能只检测出非整数错误，而检测不出取值范围的错误。

2. 设计测试用例

确立了等价类之后，需要建立等价类表列出所有划分出的等价类，用以设计测试用例。基于等价类划分法的测试用例设计步骤如下所示。

（1）确定测试对象，保证非测试对象的正确性。

（2）为每个等价类规定一个唯一编号。

（3）设计有效等价类的测试用例，使其尽可能多地覆盖尚未被覆盖的有效等价类，直到测试用例覆盖了所有的有效等价类。

（4）设计无效等价类的测试用例，使其覆盖所有的无效等价类。

2.1.2　实例：三角形问题的等价类划分

三角形问题是测试中广泛使用的一个经典案例，它要求输入 3 个正数 a、b、c 作为三角形的 3 条边，判断这 3 个数构成的是一般三角形、等边三角形、等腰三角形，还是无法构成三角形。如果使用等价类划分法设计三角形程序的测试用例，首先需要将所有输入数据划分为不同的等价类。

对该案例进行分析，程序要求输入 3 个数，并且是正数，在输入 3 个正数的基础上判断这 3 个数能否构成三角形，如果构成三角形再判断它构成的三角形是一般三角形、等腰三角形还是等边三角形，如此可以按照下列步骤将输入情况划分为不同的等价类。

（1）判断是否输入了 3 个数，可以将输入情况划分成 1 个有效等价类，4 个无效等价类，具体如下。

① 有效等价类：输入 3 个数。

② 无效等价类：输入 0 个数。

③ 无效等价类：只输入 1 个数。

④ 无效等价类：只输入 2 个数。

⑤ 无效等价类：输入超过 3 个数。

（2）在输入 3 个数的基础上，判断 3 个数是否是正数，可以将输入情况划分为 1 个有效等价类，3 个无效等价类，具体如下。

① 有效等价类：3 个数都是正数。

② 无效等价类：有 1 个数小于等于 0。

③ 无效等价类：有 2 个数小于等于 0。

④ 无效等价类：3 个数都小于等于 0。

（3）在输入 3 个正数的基础上，判断 3 个数是否能构成三角形，可以将输入情况划分为 1 个有效等价类和 1 个无效等价类，具体如下。

① 有效等价类：任意 2 个数之和大于第 3 个数，$a+b>c$、$a+c>b$、$b+c>a$。

② 无效等价类：其中 2 个数之和小于等于第 3 个数。

（4）在 3 个数构成三角形的基础上，判断 3 个数是否能构成等腰三角形，可以将输入情况划分成 1 个有效等价类和 1 个无效等价类，具体如下。

① 有效等价类：其中有 2 个数相等，$a=b||a=c||b=c$。

② 无效等价类：3 个数均不相等。

（5）在构成等腰三角形的基础上，判断这 3 个数能否构成等边三角形，可以将输入情况划分为 1 个有效等价类和 1 个无效等价类，具体如下。

① 有效等价类：三个数相等，$a=b=c$。

② 无效等价类：三个数不相等。

上述分析一共将三角形输入划分为了 15 个等价类，给这些等价类确定编号，并建立等价类表，如表 2-1 所示。

表 2-1　三角形输入等价类表

要求	有效等价类	编号	无效等价类	编号
输入 3 个数	输入 3 个数	1	输入 0 个数	2
			只输入 1 个数	3
			只输入 2 个数	4
			多于 3 个数	5
3 个数是否都是正数	3 个数都是正数	6	有一个数小于等于 0	7
			有两个数小于等于 0	8
			3 个数都小于等于 0	9
3 个数是否能构成三角形	任意 2 个数之和大于第 3 个数	10	其中 2 个数之和小于等于第 3 个数	11
3 个数是否能构成等腰三角形	其中 2 个数相等：$a=b||a=c||b=c$	12	三个数均不相等	13
3 个数是否能构成等边三角形	构成等边三角形：$a=b=c$	14	三个数不相等	15

建立了等价类表，接下来设计测试用例覆盖等价类，设计测试用例的原则是，尽可能使用最少的测试用例覆盖最多的等价类。首先设计覆盖有效等价类的测试用例，在设计时，既要考虑测试输入情况的全面性，又要考虑对有效等价类的覆盖情况。根据表 2-1 中的有效等价类设计测试用例，如表 2-2 所示。

表 2-2 有效等价类的测试用例

测试用例	输入 3 个数	覆盖有效等价类的编号
test1	1 2 3	1 6
test2	3 4 5	1 6 10
test3	6 6 8	1 6 10 12
test4	6 6 6	1 6 10 12 14

表 2-2 设计了 4 组测试用例覆盖了全部的有效等价类。无效等价类测试用例的设计原则与有效等价类的测试用例相同，无效等价类的测试用例如表 2-3 所示。

表 2-3 无效等价类的测试用例

测试用例	输入 3 个数	覆盖无效等价类的编号
test5	–1 –1 –1	9
test6	–1 –1 5	8
test7	–1 4 5	7
test8	输入 0 个数据	2
test9	1	3
test10	1 2	4
test11	1 3 4	11
test12	1 2 3 4	5
test13	3 4 5	13
test14	3 3 5	15

由表 2-3 可知，设计了 10 个测试用例覆盖了全部的无效等价类。用户在测试三角形程序时，使用上述测试用例可最大程度地检测出程序中的缺陷与不足。

2.1.3 实例：余额宝提现的等价类划分

余额宝对于我们来说非常熟悉，平时我们可能都会把一些闲散零钱存入余额宝来生利息。余额宝中的零钱不可以直接消费，当我们有其他使用时，可以将余额宝的钱提现。余额宝的提现功能有 2 种方式：快速到账（2 小时），每日最高提现额度为 10 000 元；普通到账，可提取金额为余额宝最大余额，但到账时间会慢一些。

余额宝的提现功能分为快速到账与普通到账 2 种情况，对余额宝的提现功能进行测试，首先对余额宝提现进行等价类划分。

如果选择快速到账，则可将提现功能划分为 1 个有效等价类与 2 个无效等价类，具体如下。

（1）有效等价类：0< 提现金额 ≤ 10 000 元。

（2）无效等价类：提现金额 ≤ 0。

（3）无效等价类：提现金额 >10 000 元。

如果选择普通到账，则可将提现功能划分为 1 个有效等价类与 2 个无效等价类，具体如下。

（1）有效等价类：0< 提现金额 ≤ 余额。

（2）无效等价类：提现金额 ≤ 0。

（3）无效等价类：提现金额 > 余额。

根据上述分析，余额宝提现功能一共可划分为 6 个等价类，建立等价类表如表 2-4 所示。

表 2-4 余额宝提现功能的等价类表

功能	有效等价类	编号	无效等价类	编号
快速到账	0< 提现金额 ≤ 10 000 元	1	提现金额 ≤ 0	2
			提现金额 >10 000 元	3
普通到账	0< 提现金额 ≤ 余额	4	提现金额 ≤ 0	5
			提现金额 > 余额	6

表 2-4 列出了余额宝提现功能的所有情况，但在设计测试用例之前，按照审查划分的原则，对表 2-4 进行仔细分析可发现，快速到账的划分是有问题的，因为快速到账的日提现金额为 10 000 元，表明在一天之内，只要提现金额没有累积到 10 000 元，则可多次提取。例如，第 1 次提现了 6 000 元，第 2 次提现了 2 000 元，第 3 次提现了 2 000 元，3 次提现累积达到了 10 000 元，则今日再快速到账提现就无法进行了，据此，可以将快速到账细分为第 1 次提现和第 n 次提现，第 n 次提现的最大金额为 10 000 减去已经提现的金额，细分后的等价类表如表 2-5 所示。

表 2-5 细分后的余额宝提现功能等价类表

功能	有效等价类	编号	无效等价类	编号
快速到账（第 1 次）	0< 提现金额 ≤ 10 000 元	1	提现金额 ≤ 0	2
			提现金额 >10 000 元	3
快速到账（第 n 次）	0< 提现金额 ≤ 10 000 元 – 已提现金额	7	提现金额 ≤ 0	8
			提现金额 >10 000– 已提现金额	9
普通到账	0< 提现金额 ≤ 余额	4	提现金额 ≤ 0	5
			提现金额 > 余额	6

建立了等价类表，接下来设计测试用例进行测试，假如现在余额宝中有 50 000 元余额，则覆盖有效等价类的测试用例与覆盖无效等价类的测试用例分别如表 2-6 和表 2-7 所示。

表 2-6 覆盖有效等价类的测试用例

测试用例	功能	金额 / 元	覆盖有效等价类编号
test1	快速到账（第 1 次）	1 000	1
test2	快速到账（第 n 次，已提现 2 000 元）	7 000	7
test3	普通到账	40 000	4

表 2-7 覆盖无效等价类的测试用例

测试用例	功能	金额 / 元	覆盖无效等价类编号
test4	快速到账（第 1 次）	–10 000	2
test5		20 000	3
test6	快速到账（第 n 次，已提现 2 000 元）	–2 000	8
test7		9 000	9
test8	普通到账	–3 000	5
test9		60 000	6

表 2-6 和表 2-7 共设计了 9 个测试用例，这些测试用例覆盖了全部的等价类，基本可以检测出提现功能所存在的缺陷。

2.2 边界值分析法

对于测试人员来说，测试工作做得越多越会发现，程序的一些错误往往发生在边界处理上，例如，某程序的输入数据要求取值范围为 1 ~ 100，当取值在 1 ~ 100 内部时没有问题，然而取边界值 1 或 100 时会发生错误，这就是程序开发时对边界问题没有做好处理。边界值分析法就是对边界值进行测试的一种方法，本节将针对边界值分析法进行详细讲解。

2.2.1 边界值分析法概述

边界值分析法是对软件的输入或输出边界进行测试的一种方法，它通常作为等价类划分法的一种补充测试。对于软件来说，错误经常发生在输入或输出值的关键点，即从符合需求到不符合需求的关键点，因此边界值分析法是在等价类的边界上执行软件测试工作，它的所有测试用例都是在等价类的边界处设计。

在等价类划分法中，无论是输入等价类还是输出等价类，都会有多个边界，而边界值分析法就是在这些边界附近寻找某些点作为测试数据，而不是在等价类内部选择测试数据。

在等价类中选择边界值时，如果输入条件规定了取值范围或值的个数，则在选取边界值时可选取 5 个测试值或 7 个测试值。如果选取 5 个测试值，即在两个边界值内选取 5 个测试数据：最小值、略大于最小值、正常值、略小于最大值、最大值。例如，输入条件规定取值范围为 1 ~ 100，则可以选取 1、1.1、50、99.9、100 这 5 个值作为测试数据。如果选取 7 个测试值，则在取值范围外再各选取一个测试数据，分别是略小于最小值、最小值、略大于最小值、正常值、略小于最大值、最大值、略大于最大值。对于上述输入条件，可选取 0.9、1、1.1、50、99.9、100、100.1 这 7 个值作为测试数据。这 2 种取值方案如表 2-8 所示。

表 2-8 1 ~ 100 边界值选取

选取方案	选取数据					
选取 5 个值	1	1.1		50	99.9	100
选取 7 个值	0.9	1	1.1	50	99.9	100	100.1

如果软件要求输入或输出是一组有序集合，如数组、链表等，则可选取第一个和最后一个元素作为测试数据。如果被测试程序中有循环，则可选取第 0 次、第 1 次与最后两次循环作为测试数据。除了上述讲解到的边界值选取之外，软件还有其他边界值的选取情况，在对软件进行测试时，要仔细分析软件规格需求，找出其可能的边界条件。

边界值分析法作为一种单独的软件测试方法，它只在边界取值上考虑测试的有效性，相对于等价类划分法来说，它的执行更加简单易行，但缺乏充分性，不能整体全面地测试软件，因此它只能作为等价类划分法的补充测试。

2.2.2 实例：三角形问题的边界值分析

在 2.1.2 节，我们学习了三角形问题的等价类划分，在等价类划分中，除了要求输入数据为 3 个正数之外，没有给出其他限制条件，如果要求三角形的边长取值范围为 1 ~ 100，则可以使用边界值分析法对三角形边界边长进行测试。在设计测试用例时，分别选取 1、2、50、99、100 这 5 个值作为测试数据，则三角形边界值分析测试用例如表 2-9 所示。

表 2-9　三角形边界值分析测试用例

测试用例	输入 3 个数	被测边界	预期输出
test1	50　50　1	1	等腰三角形
test2	50　50　2		等腰三角形
test3	50　50　50	无	等边三角形
test4	50　50　99	100	等腰三角形
test5	50　50　100		不构成三角形

在表 2-9 中，test1 中的边长 1 是最小临界值，test2 中边长 2 是略大于最小值的数据，test3 中 50 是 1 ~ 100 范围内的任意值，test4 中边长 99 是略小于最大值的数据，test5 中边长 100 是最大临界值，使用这几组测试用例基本可以检测出三角形边界存在的缺陷。

2.2.3 实例：余额宝提现的边界值分析

在 2.1.3 节中，我们学习了余额宝案例的等价类划分，余额宝快速到账的日提现金额限制最高为 10 000 元，普通到账的提现金额最高为余额。假设余额宝中余额为 50 000 元，则在进行边界值分析时，如果是第一次快速到账提现，则分别对 0 和 10 000 两个边界值进行测试，分别选取 −1、0、1、5 000、9 999、10 000、10 001 这 7 个值作为测试数据；如果是第 n 次提现（假设已提现 2 000 元），则分别对 0 和 8 000 两个边界值进行测试，分别选取 −1、0、1、5 000、7 999、8 000、8 001 这 7 个值作为测试数据；对于普通到账提现，则对 0 和 50 000 两个边界值进行测试，分别取 −1、0、1、20 000、49 999、50 000、50 001 这 7 个值作为测试数据。

根据上述分析，设计余额宝提现的边界值分析测试用例，如表 2-10 所示。

表 2-10　余额宝提现边界值分析测试用例

测试用例	功能	金额 / 元	被测边界	预期输出
test1		−1		无法提现
test2		0	0	无法提现
test3		1		1
test4	快速到账（第 1 次）	5 000	无	5 000
test5		9 999		9 999
test6		10 000	10 000	10 000
test7		10 001		无法提现

续表

测试用例	功能	金额 / 元	被测边界	预期输出
test8	快速到账（第 *n* 次）	−1		无法提现
test9		0	0	无法提现
test10		1		1
test11		5 000	无	5 000
test12		7 999		7 999
test13		8 000	8 000	8 000
test14		8 001		无法提现
test15	普通到账	−1		无法提现
test16		0	0	无法提现
test17		1		1
test18		20 000	无	20 000
test19		49 999		49 999
test20		50 000	50 000	50 000
test21		50 001		无法提现

由表 2-10 可知，一共设计了 21 个测试用例来测试余额宝的边界值。需要注意的是，在本案例中，假设余额宝的余额为 50 000 元，但在实际测试时，余额可能是一个极大的数或者为无穷大。这种情况在软件测试中很常见，例如取值范围为开区间或者右边为无穷大，这时候测试数据的选取要根据具体的业务具体分析。

2.3　因果图与决策表法

等价类划分法与边界值分析法主要侧重于输入条件，却没有考虑这些输入之间的关系，如组合、约束等。如果程序输入之间有作用关系，等价类划分法与边界值分析法很难描述这些输入之间的作用关系，无法保证测试效果。因此，需要学习一种新的方法来描述多个输入之间的制约关系，这就是因果图法。

2.3.1　因果图设计法

因果图法是一种利用图解法分析输入的各种组合情况的测试方法，它考虑了输入条件的各种组合及输入条件之间的相互制约关系，并考虑输出情况。例如，某一软件要求输入地址，具体到市区，如"北京→昌平区""天津→南开区"，其中第 2 个输入受到第 1 个输入的约束，输入的地区只能在输入的城市中选择，否则地址就是无效的。像这样多个输入之间有相互制约关系，就无法使用等价类划分法和边界值法设计测试用例。因果图法就是为了解决多个输入之间的作用关系而产生的测试用例设计方法。

下面介绍如何使用因果图展示多个输入和输出之间的关系，并且学习如何通过因果图法设计测试用例。

1. 因果图

因果图需要处理输入之间的作用关系，还要考虑输出情况，因此它包含了复杂的逻辑关系，这些复杂的逻辑关系通常用图示来展现，这些图示就是因果图。

因果图使用一些简单的逻辑符号和直线将程序的因（输入）与果（输出）连接起来，一般原因用 c_i 表示，结果用 e_i 表示，c_i 与 e_i 可以取值 "0" 或 "1"，其中 "0" 表示状态不出现，"1" 表示状态出现。

c_i 与 e_i 之间有恒等、非（～）、或（∨）、与（∧）4 种关系，如图 2-1 所示。

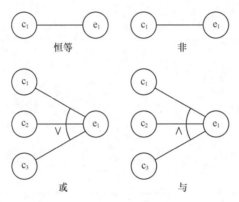

图 2-1　因果图

图 2-1 展示了因果图的 4 种关系，每种关系的具体含义如下所示。

（1）恒等：在恒等关系中，要求程序有 1 个输入和 1 个输出，输出与输入保持一致。若 c_1 为 1，则 e_1 也为 1；若 c_1 为 0，则 e_1 也为 0。

（2）非：非使用符号 "～" 表示，在这种关系中，要求程序有 1 个输入和 1 个输出，输出是输入的取反。若 c_1 为 1，则 e_1 为 0；若 c_1 为 0，则 e_1 为 1。

（3）或：或使用符号 "∨" 表示，或关系可以有任意个输入，只要这些输入中有一个为 1，则输出为 1，否则输出为 0。

（4）与：与使用符号 "∧" 表示，与关系也可以有任意个输入，但只有这些输入全部为 1，输出才能为 1，否则输出为 0。

在软件测试中，如果程序有多个输入，那么除了输入与输出之间的作用关系之外，这些输入之间往往也会存在某些依赖关系，某些输入条件本身不能同时出现，某一种输入可能会影响其他输入。例如，某一软件用于统计体检信息，在输入个人信息时，性别只能输入男或女，这两种输入不能同时存在，而且如果输入性别为女，那么体检项就会受到限制。这些依赖关系在软件测试中称为 "约束"，约束的类别可分为 4 种：E(Exclusive，异)、I(at least one，或)、O(one and only one，唯一)、R(Requires，要求)，在因果图中，用特定的符号表明这些约束关系，如图 2-2 所示。

图 2-2 展示了多个输入之间的约束符号，这些约束关系的含义具体如下所示。

（1）E(异)：a 和 b 中最多只能有一个为 1，即 a 和 b 不能同时为 1。

（2）I(或)：a、b 和 c 中至少有一个必须是 1，即 a、b、c 不能同时为 0。

（3）O(唯一)：a 和 b 有且仅有一个为 1。

（4）R(要求)：a 和 b 必须保持一致，即 a 为 1 时，b 也必须为 1；a 为 0 时，b 也必须为 0。

　　上面这 4 种都是关于输入条件的约束。除了输入条件，输出条件也会相互约束，输出条件的约束只有一种——M（Mask，强制），在因果图中，使用特定的符号表示输出条件之间的强制约束关系，如图 2-3 所示。

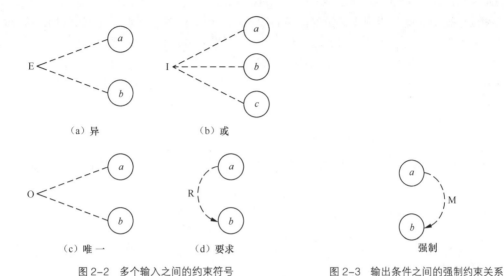

（a）异　　　　　　　　（b）或

（c）唯一　　　　　　　（d）要求　　　　　　　　　　　　强制

图 2-2　多个输入之间的约束符号　　　　　图 2-3　输出条件之间的强制约束关系

　　在输出条件的强制约束关系中，如果 a 为 1，则 b 强制为 0；如果 a 为 0，则 b 强制为 1。

2. 因果图法设计测试用例的步骤

　　使用因果图法设计测试用例需要经过以下几个步骤。

　　（1）分析程序规格说明书描述内容，确定程序的输入与输出，即确定"原因"和"结果"。

　　（2）分析得出输入与输入之间、输入与输出之间的对应关系，将这些输入与输出之间的关系使用因果图表示出来。

　　（3）由于语法与环境的限制，有些输入与输入之间、输入与输出之间的组合情况是不可能出现的，对于这种情况，使用符号标记它们之间的限制或约束关系。

　　（4）将因果图转换为决策表。决策表将在下一小节介绍。

　　（5）根据决策表设计测试用例。

　　因果图法考虑了输入情况的各种组合以及各种输入情况之间的相互制约关系，可以帮助测试人员按照一定的步骤高效率地开发测试用例。此外，因果图是由自然语言规格说明转化成形式语言规格说明的一种严格方法，它能够发现规格说明书中存在的不完整性和二义性，帮助开发人员完善产品的规格说明。

2.3.2　决策表

　　实际测试中，如果输入条件较多，再加上各种输入与输出之间相互的作用关系，画出的因果图会比较复杂，容易使人混乱。为了避免这种情况，人们往往使用决策表法代替因果图法。

　　决策表也称为判定表，其实质就是一种逻辑表。在程序设计发展初期，判定表就已经被当作程序开发的辅助工具，帮助开发人员整理开发模式和流程，因为它可以把复杂的逻辑关系和多种条件组合的情况表达得既具体又明确。利用决策表可以设计出完整的测试用例集合。

为了让读者明白什么是决策表，下面通过一个"图书阅读指南"来制作一个决策表。图书阅读指南指明了图书阅读过程中可能出现的状况，以及针对各种情况给读者的建议。在图书阅读过程中可能会出现 3 种情况：是否疲倦、是否对内容感兴趣、对书中的内容是否感到糊涂。如果回答是肯定的，则使用"Y"标记；如果回答是否定的，则使用"N"标记。那么这 3 种情况可以有 2^3=8 种组合，针对这 8 种组合，阅读指南给读者提供了 4 条建议：回到本章开头重读、继续读下去、跳到下一章去读、停止阅读并休息，据此制作的阅读指南决策表如表 2-11 所示。

表 2-11　图书阅读指南决策表

问题与建议		1	2	3	4	5	6	7	8
问题	是否疲倦	Y	Y	Y	Y	N	N	N	N
	是否对内容感兴趣	Y	Y	N	N	Y	Y	N	N
	对书中内容是否感到糊涂	Y	N	N	Y	Y	Y	N	N
建议	回到本章开头重读						√		
	继续读下去							√	
	跳到下一章去读					√			√
	停止阅读并休息	√	√	√	√				

表 2-11 就是一个决策表，根据这个决策表阅读图书，对各种情况的处理一目了然，简洁高效。

决策表通常由 4 个部分组成，具体如下。

（1）条件桩：列出问题的所有条件，除了某些问题对条件的先后次序有要求之外，通常决策表中所列条件的先后次序都无关紧要。

（2）条件项：条件项就是条件桩的所有可能取值。

（3）动作桩：动作桩就是问题可能采取的操作，这些操作一般没有先后次序之分。

（4）动作项：指出在条件项的各组取值情况下应采取的动作。

这 4 个组成部分对应到表 2-11 中，条件桩包括是否疲倦、是否对内容感兴趣、对书中内容是否感到糊涂；条件项包括"Y"与"N"；动作桩包括回到本章开头重读、继续读下去、跳到下一章去读、停止阅读并休息；动作项是指在问题综合情况下所采取的具体动作，动作项与条件项紧密相关，它的值取决于条件项的各组取值情况。

在决策表中，任何一个条件组合的特定取值及其相应要执行的操作称为一条规则，即决策表中的每一列就是一条规则，每一列都可以设计一个测试用例，根据决策表设计测试用例就不会有所遗漏。

在实际测试中，条件桩往往很多，而且每个条件桩都有真假两个条件项，有 n 个条件桩的决策表就会有 2^n 条规则，如果每条规则都设计一个测试用例，不仅工作量大，而且有些工作量可能是重复且无意义的，例如，在表 2-11 中，第 1、2 条规则，第 1 条规则取值为：Y、Y、Y，执行结果为"停止阅读并休息"；第 2 条规则取值为：Y、Y、N，执行结果也为"停止阅读并休息"。对于这两条规则来说，前两个问题的取值相同，执行结果一样，因此第 3 个问题的取值对结果并无影响，这个问题就称为无关条件项，使用"–"表示。忽略无关条件项，可以将这两条规则进行合并，如图 2-4 所示。

由图 2-4 可知，规则 1 与规则 2 合并成了一条规则。由于合并之后的无关条件项（–）包含其他条件项取值，因此具有相同动作的规则还可进一步合并，如图 2-5 所示。

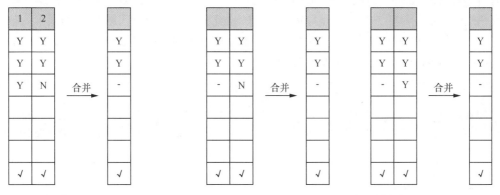

图 2-4　合并规则 1 与规则 2　　　　　　　　　图 2-5　进一步合并规则

由图 2-5 可知，包含无关条件项"–"的规则还可以与其他规则合并。

注意：

图 2-5 中只是演示合并后的规则，还可以与其他规则进一步合并，但规则 1 与规则 2 合并之后就不再存于决策表中了。

将规则进行合并，可以减少重复的规则，相应地减少测试用例的设计，这样可以大大降低软件测试的工作量。图书阅读指南决策表最初有 8 条规则，进行合并之后，只剩下 5 条规则，简化后的图书阅读指南决策表如表 2-12 所示。

表 2-12　简化后的图书阅读指南决策表

问题与建议		1	2	3	4	5
问题	是否疲倦	Y	Y	N	N	N
	是否对内容感兴趣	Y	N	N	Y	Y
	对书中内容是否感到糊涂	–	–	–	Y	N
建议	回到本章开头重读				√	
	继续读下去					√
	跳到下一章去读			√		
	停止阅读并休息	√	√			

表 2-12 是简化后的图书阅读指南决策表，相比于表 2-11，它简洁了很多，在测试时只需要设计 5 个测试用例即可覆盖所有的情况。

相比于因果图，决策表能够把复杂的问题按各种可能的情况一一列举，简明而易于理解，也避免遗漏，因此在多逻辑条件下执行不同操作的情况，决策表使用得更多。

2.3.3　实例：三角形决策表

在测试用例中，三角形问题是一个永盛不衰的经典案例，这里继续使用三角形讲解决策表的构建与测试用例的设计。三角形的三边是否能构成三角形？如果能构成三角形，那么是构成一般三角形、等腰三角形还是等边三角形？据此分析，三角形问题有 4 个原因：是否构成三角形？$a=b$？$b=c$？$c=a$？有 5 个结果：不构成三角形、一般三角形、等腰三角形、等边三角形、不符合逻辑，具体如表 2-13 所示。

表 2-13　三角形的原因与结果

原因		结果	
是否构成三角形？	c_1	不构成三角形	e_1
$a=b$?	c_2	一般三角形	e_2
$b=c$?	c_3	等腰三角形	e_3
$a=c$?	c_4	等边三角形	e_4
		不符合逻辑	e_5

在表 2-13 中，有 4 个原因，每个原因可取值"Y"和"N"，因此共有 $2^4=16$ 条规则，如表 2-14 所示。

表 2-14　三角形决策表

规则		1	2	3	4	5	6	7	8	9	10	11	12	13	14	15	16
原因	c_1	Y	Y	Y	Y	Y	Y	Y	Y	N	N	N	N	N	N	N	N
	c_2	Y	N	Y	N	N	Y	Y	Y	N	Y	Y	Y	N	Y	N	N
	c_3	Y	N	N	Y	N	Y	Y	Y	N	Y	N	Y	Y	N	Y	N
	c_4	Y	N	N	N	Y	N	Y	Y	Y	N	Y	Y	N	Y	N	N
结果	e_1									√	√	√	√	√	√	√	√
	e_2		√														
	e_3			√	√	√											
	e_4	√															
	e_5						√	√	√								

在表 2-14 中，由规则 9 到规则 16 可知，只要 c_1 为 N，则无论 c_2、c_3、c_4 取何值结果都是 e_1，因此 c_2、c_3、c_4 为无关条件项，可以将规则 9 到规则 16 合并成一条规则，而剩余其他规则无法合并简化，因此简化后的决策表如表 2-15 所示。

表 2-15　简化后的三角形决策表

规则		1	2	3	4	5	6	7	8	9
原因	c_1	Y	Y	Y	Y	Y	Y	Y	Y	N
	c_2	Y	N	N	N	N	Y	Y	N	-
	c_3	Y	N	N	N	N	Y	N	Y	-
	c_4	Y	N	N	N	Y	N	Y	Y	-
结果	e_1									√
	e_2		√							
	e_3			√	√	√				
	e_4	√								
	e_5						√	√	√	

根据表 2-15 可设计 9 个测试用例用于测试三角形，如表 2-16 所示。

表 2-16　三角形测试用例

测试用例	a	b	c	预期结果
test1	3	3	3	等边三角形
test2	3	4	5	一般三角形
test3	3	3	4	等腰三角形
test4	4	3	3	等腰三角形
test5	3	4	3	等腰三角形
test6	?	?	?	不符合逻辑
test7	?	?	?	不符合逻辑
test8	?	?	?	不符合逻辑
test9	1	2	3	不构成三角形

2.3.4　实例：工资发放决策表

某公司的薪资管理制度如下：员工工资分为年薪制与月薪制两种，员工的错误定位包括普通错误与严重错误两种，如果是年薪制的员工，犯普通错误扣款 2%，犯严重错误扣款 4%；如果是月薪制的员工，犯普通错误扣款 4%，犯严重错误扣款 8%。该公司编写了一款软件用于员工工资计算发放，现在要对该软件进行测试。

对公司员工工资管理进行分析，可得出员工工资由 4 个因素决定：年薪、月薪、普通错误、严重错误，其中年薪与月薪不可能并存，但普通错误与严重错误可以并存；而员工最终扣款结果有 7 种：未扣款、扣款 2%、扣款 4%、扣款 6%（2%+4%）、扣款 4%、扣款 8%、扣款 12%（4%+8%），由此总结出该软件测试的原因与结果，如表 2-17 所示。

表 2-17 员工工资原因与结果

原因	年薪	c1
	月薪	c2
	普通错误	c3
	严重错误	c4
结果	未扣款	e1
	扣款 2%	e2
	扣款 4%	e3
	扣款 6%	e4
	扣款 4%	e5
	扣款 8%	e6
	扣款 12%	e7

在表 2-17 中，有 4 个原因，假设每个原因有 "Y" 和 "N" 两个取值，理论上可以组成 $2^4=16$ 种规则，但是 c_1 与 c_2 不能同时并存，因此有 $2^3=8$ 种规则，如表 2-18 所示。

表 2-18 员工工资决策表

规则		1	2	3	4	5	6	7	8
原因	c_1	Y	Y	Y	Y				
	c_2					Y	Y	Y	Y
	c_3	N	Y	N	Y	N	Y	N	Y
	c_4	N	N	Y	Y	N	N	Y	Y
结果	e_1	√				√			
	e_2		√						
	e_3			√					
	e_4				√				
	e_5						√		
	e_6							√	
	e_7								√

分析该员工工资决策表，并没有可以合并的规则，因此在测试时需要设计 8 个测试用例。根据公司的薪资情况可设计测试用例，如表 2-19 所示。

表 2-19 员工工资测试用例

测试用例	薪资制度	薪资 / 元	错误程度	扣款 / 元
test1	年薪制	200 000	无	0
test2		250 000	普通	5 000
test3		300 000	严重	12 000
test4		350 000	普通 + 严重	21 000
test5	月薪制	8 000	无	0
test6		10 000	普通	400
test7		15 000	严重	1 200
test8		8 000	普通 + 严重	960

2.4　正交实验设计法

实际的软件测试中，软件往往会很复杂，很难从软件的规格说明中得出一一对应的输入和输出关系，基本无法划分出等价类，而使用因果图法，画出的因果图也会很庞大。为了合理有效地进行测试，可以利用正交实验法设计测试用例。

2.4.1　正交实验设计法概述

正交实验设计法（Orthogonal Experimental Design）是指从大量的实验点中挑选出适量的、有代表性的点，依据 Glois 理论导出"正交表"，从而合理地安排实验的一种实验设计方法。正交实验设计法是研究多因素多水平的一种实验方法，生物学中经常会用这种方法研究植物的生长状况，一株植物的生长状况会受到多种因素的影响，包括种子质量等内部因素，还包括阳光、空气、水分、土壤等外部因素。在软件测试中，如果软件比较复杂，也可以利用正交实验设计法设计测试用例对软件进行测试。

正交实验设计法包含 3 个关键因素，具体如下所示。

（1）指标：判断实验结果优劣的标准。

（2）因子：因子也称为因素，是指所有影响实验指标的条件。

（3）因子的状态：因子的状态也叫因子的水平，它指的是因子变量的取值。

利用正交实验设计法设计测试用例时，可以按照如下步骤进行。

（1）提取因子，构造因子状态表

分析软件的规格需求说明得到影响软件功能的因子，确定因子可以有哪些取值，即确定因子的状态。例如，某一软件的运行受到操作系统和数据库的影响，因此影响其运行是否成功的因子有操作系统和数据库 2 个，而操作系统有 Windows、Linux、Mac 3 个取值，数据库有 MySQL、MongoDB、Oracle 3 个取值，因此操作系统的因子状态为 3，数据库因子状态为 3。据此构造该软件运行功能的因子 – 状态表，如表 2–20 所示。

表 2–20　因子 – 状态表

因子	因子的状态		
操作系统	Windows	Linux	Mac
数据库	MySQL	MongoDB	Oracle

（2）加权筛选，简化因子 – 状态表

在实际软件测试中，软件的因子及因子的状态会有很多，每个因子及其状态对软件的作用也大不相同，如果把这些因子及状态都划分到因子 – 状态表中，最后生成的测试用例会相当庞大，从而影响软件测试的效率。因此需要根据因子及状态的重要程度进行加权筛选，选出重要的因子与状态，简化因子 – 状态表。

加权筛选就是根据因子或状态的重要程度、出现频率等因素计算因子和状态的权值，权值越大，表明因子或状态越重要，而权值越小，表明因子或状态的重要性越小。加权筛选之后，可以去掉一部分权值较小的因子或状态，使得最后生成的测试用例集缩减到允许的范围。

（3）构建正交表，设计测试用例

正交表的表示形式为 $L_n(t^c)$。

· L 表示正交表。

· n 为正交表的行数，正交表的每一行可以设计一个测试用例，因此行数 n 也表示可以设计的测试用例的数目。

· c 表示正交实验的因子数目，即正交表的列数，因此正交表是一个 n 行 c 列的表。

· t 称为水平数，表示每个因子能够取得的最大值，即因子有多少个状态。

例如 $L_4(2^3)$ 是最简单的正交表，它表示该实验有 3 个因子，每个因子有两个状态，可以做 4 次实验，如果用 0 和 1 表示每个因子的两种状态，则该正交表就是一个 4 行 3 列的表，如表 2-21 所示。

表 2-21　$L_4(2^3)$ 正交表

行 ＼ 列	1	2	3
1	1	1	1
2	1	0	0
3	0	1	0
4	0	0	1

假设表 2-21 中的 3 个因子为登录用户名、密码和验证码，用户名、密码和验证码有正确（用 1 表示）和错误（用 0 表示）两种状态，正常需要设计 $2^3=8$ 个测试用例，而使用正交表只需要设计 4 个测试用例就可以达到同样的测试效果。因此，正交实验法是一种高效、快速、经济的实验设计方法。

在表 2-21 中，3 个因子的状态都有两种，这样的正交实验比较容易设计正交表，但在实际软件测试中，大多数情况下，软件有多个因子，每个因子的状态数目都不相同，即各列的水平数不等，这样的正交表称为混合正交表，如 $L_8(2^4 \times 4^1)$，这个正交表表示有 4 个因子有 2 种状态，有 1 个因子有 4 种状态。混合正交表往往难以确定测试用例的数目，即 n 的值，这种情况下，读者可以登录正交表的一些权威网站，查询 n 值，例如，图 2-6 展示的是一个正交表查询网站的主页。

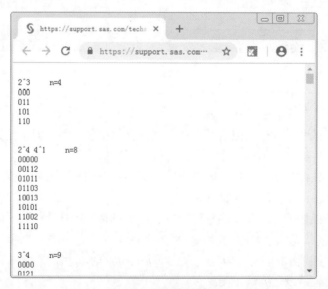

图 2-6　正交表查询网站

在这里，读者可以查询到不同因子数、不同水平数的正交表的 n 值。在该网站查找到 $2^4 \times 4^1$ 的正交表 n 值为 8，其正交表设计如表 2-22 所示。

表 2-22　$L_8(2^4 \times 4^1)$ 正交表

行 ＼ 列	1	2	3	4	5
1	0	0	0	0	0
2	0	0	1	1	2
3	0	1	0	1	1
4	0	1	1	0	3
5	1	0	0	1	3
6	1	0	1	0	1
7	1	1	0	0	2
8	1	1	1	1	0

由表 2-22 可知，第 1 ~ 4 列有 0 和 1 两种状态，第 5 列有 4 种状态，正符合"有 4 个因子有 2 种状态，有 1 个因子有 4 种状态"。

正交表最大的特点是取点均匀分散、齐整可比，每一列中每种数字出现的次数都相等，即每种状态的取值次数相等。例如，在表 2-21 中，每一列都是取 2 个 0 和 2 个 1；在表 2-22 中，第 1 ~ 4 列中，0 和 1 的取值个数都是 4，在第 5 列中，0、1、2、3 的取值个数均为 2。此外，任意两列组成的对数出现的次数相等，例如，在表 2-21 中，第 1 ~ 2 列共组成 4 对数据：(1，1)、(1、0)、(0、1)、(0，0)，这 4 对数据各出现一次，其他任意两列也如此；在表 2-22 中，第 1 ~ 2 列组成的数据对有 4 个：(0，0)、(0，1)、(1，0)、(1，1)，这 4 对数据出现的次数各为 2 次。在正交表中，每个因子的每个水平与另一个因子的各水平都"交互"一次，这就是正交性，它保证了实验点均匀分散在因子与水平的组合之中，因此具有很强的代表性。

对于受多因子多水平影响的软件，正交实验法可以高效适量地生成测试用例，减少测试工作量，并且利用正交实验法得到的测试用例具有一定的覆盖度，检错率可达 50% 以上。正交实验法虽然好用，但在选择正交表时要注意先要确定实验因子、状态及它们之间的交互作用，选择合适的正交表，同时还要考虑实验的精度要求、费用、时长等因素。

2.4.2　实例：微信 Web 页面运行环境正交实验设计

微信是一款手机 App 软件，但它也有 Web 版微信可以登录，如果要测试微信 Web 页面运行环境，需要考虑多种因素。在众多的因素中，我们可以选出几个影响比较大的因素，如服务器、操作系统、插件和浏览器。对于选取出的 4 个影响因素，每个因素又有不同的取值，同样，在每个因素的多个值中，可以选出几个比较重要的值，具体如下。

· 服务器：IIS、Apache、Jetty。

· 操作系统：Windows 7、Windows 10、Linux。

· 插件：无、小程序、微信插件。

· 浏览器：IE 11、Chrome、FireFox。

对于多因素多水平的测试可以选择正交实验法，正交实验法的第一步就是提取有效因子。

由上述分析可知，微信 Web 版运行环境正交实验中有 4 个因子：服务器、操作系统、插件、浏览器，每个因子又有 3 个水平，因此该正交表是一个 4 因子 3 水平正交表，在正交表查询网站查询可得其 n 值为 9，即该正交表是一个 9 行 4 列的正交表。如果按照上述所列顺序，从左至右为每个水平编号 0、1、2，则生成的正交表如表 2-23 所示。

表 2-23 $L_9(3^4)$ 正交表

行 \ 列	1	2	3	4
1	0	0	0	0
2	0	1	2	1
3	0	2	1	2
4	1	0	2	2
5	1	1	1	0
6	1	2	0	1
7	2	0	1	1
8	2	1	0	2
9	2	2	2	0

表 2-23 中的水平编号分别代表因子的不同取值，将因子、状态映射到正交表，可生成具体的测试用例，如表 2-24 所示。

表 2-24   微信 Web 页面运行环境测试用例

行 \ 列	服务器	操作系统	插件	浏览器
1	IIS	Windows 7	无	IE 11
2	IIS	Windows 10	微信插件	Chrome
3	IIS	Linux	小程序	FireFox
4	Apache	Windows 7	微信插件	FireFox
5	Apache	Windows 7	小程序	IE 11
6	Apache	Linux	无	Chrome
7	Jetty	Windows 7	小程序	Chrome
8	Jetty	Windows 7	无	FireFox
9	Jetty	Linux	微信插件	IE 11

表 2-24 中每一行都是一个测试用例，即微信 Web 页面的一个运行环境。对于该测试案例，如果使用因果图法要设计 $3^4=81$ 个测试用例，而使用正交实验设计法，只需要 9 个测试用例就可以完成测试。

正交实验设计法虽然高效，但并不是每种软件测试都适用，在实际测试中，正交实验设计法其实使用比较少，但读者要理解这种测试用例的设计模式及思维方式。

2.5 本章小结

本章主要讲解了黑盒测试常用的技术方法，包括等价类划分法、边界值分析法、因果图与决策表法、正交实验设计法，读者要掌握每种测试方法的原理与测试用例的设计方法，这对后续章节学习实际软件项目测试会很有帮助。

2.6 本章习题

一、填空题

1. 等价类划分就是将输入数据按照输入需求划分为若干个子集，这些子集称为_____。

2. 等价类划分法可将输入数据划分为_____和_____。

3. _____通常作为等价类划分法的补充。

4. 因果图中的_____关系要求程序有 1 个输入和 1 个输出，输出与输入保持一致。

5. 因果图的多个输入之间的约束包括_____、_____、_____、_____4 种。

6. 决策表通常由_____、_____、_____、_____4 部分组成。

二、判断题

1. 有效等价类可以捕获程序中的缺陷，而无效等价类不能捕获缺陷。（ ）

2. 如果程序要求输入值是一个有限区间的值，可以划分为 1 个有效等价类（取值范围）和 1 个无效等价类（取值范围之外）。（ ）

3. 使用边界值方法测试时，只取边界 2 个值即可完成边界测试。（ ）

4. 因果图考虑了程序输入、输出之间的各种组合情况。（ ）

5. 决策表法是由因果图演变而来的。（ ）

6. 正交实验设计法比较适合复杂的大型项目。（ ）

三、单选题

1. 下列选项中，哪一项不是因果图输入与输入之间的关系？（ ）
   A、恒等　　　　　　B.或　　　　　　　C.要求　　　　　　　D.唯一

2. 下列选项中，哪一项是因果图输出之间的约束关系？（ ）
   A、异　　　　　　　B.或　　　　　　　C.强制　　　　　　　D.要求

3. 下列选项中，哪一项不是正交实验设计法的关键因素？（ ）
   A、指标　　　　　　B.因子　　　　　　C.因子状态　　　　　D.正交表

四、简答题

1. 请简述等价类划分法的原则。

2. 请简述决策表条件项的合并规则。

3. 请简述正交实验设计法测试用例的设计步骤。

第 **3** 章

白盒测试方法

★掌握语句覆盖法

★掌握判定覆盖法

★掌握条件覆盖法

★掌握判定 – 条件覆盖法

★掌握条件组合覆盖法

★掌握目标代码插桩法

★掌握源代码插桩法

白盒测试又称为透明盒测试、结构测试，它基于程序内部结构进行测试，而不是测试应用程序的功能（黑盒测试）。因此，测试人员需要了解程序内部逻辑结构，从编程语言的角度设计测试用例。白盒测试可用于单元测试、集成测试和系统测试。本章将针对具体的白盒测试方法进行详细讲解。

3.1　逻辑覆盖法

逻辑覆盖法是白盒测试最常用的测试方法，它包括语句覆盖、判定覆盖、条件覆盖、判定 – 条件覆盖、条件组合覆盖 5 种，本节将对这 5 种逻辑覆盖法进行详细介绍。

3.1.1　语句覆盖

语句覆盖（Statement Coverage）又称行覆盖、段覆盖、基本块覆盖，它是最常见的覆盖方式。语句覆盖的目的是测试程序中的代码是否被执行，它只测试代码中的执行语句，这里的执行语句不包括头文件、注释、空行等。语句覆盖在多分支的程序中，只能覆盖某一条路径，使得该路径中的每一个语句至少被执行一次，但不会考虑各种分支组合情况。

为了让读者更深刻地理解语句覆盖，下面结合一段小程序介绍语句覆盖方法的执行，程序伪代码如下所示。

```
1  IF x>0 AND y<0     // 条件 1
2    z=z-(x-y)
3  IF x>2 OR z>0      // 条件 2
4    z=z+(x+y)
```

在上述代码中，AND 表示逻辑运算 &&，OR 表示逻辑运算 ||，第 1 ~ 2 行代码表示如果 $x>0$ 成立并且 $y<0$ 成立，则执行 $z=z-(x-y)$ 语句；第 3 ~ 4 行代码表示如果 $x>2$ 成立或者 $z>0$ 成立，则执行 $z=z+(x+y)$ 语句。该段程序的流程图如图 3–1 所示。

在图 3–1 中，a、b、c、d、e 表示程序执行分支，在语句覆盖测试用例中，使程序中每个可执行语句至少被执行一次。根据图 3–1 程序流程图中标示的语句执行路径设计测试用例，具体如下。

```
Test1:x=3    y=-1    z=2
```

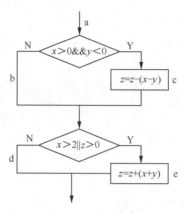

图 3-1   程序执行流程图

执行上述测试用例，程序运行路径为 ace。可以看出程序中 acd 路径上的每个语句都能被执行，但是语句覆盖对多分支的逻辑无法全面反映，仅仅执行一次不能进行全面覆盖，因此，语句覆盖是弱覆盖方法。

语句覆盖虽然可以测试执行语句是否被执行到，但却无法测试程序中存在的逻辑错误，例如，如果上述程序中的逻辑判断符号 "AND" 误写成了 "OR"，使用测试用例 Test1 同样可以覆盖 acd 路径上的全部执行语句，但却无法发现错误。同样，如果将 x>0 误写成 x>=0，使用同样的测试用例 Test1 也可以执行 acd 路径上的全部执行语句，但却无法发现 x>=0 的错误。

语句覆盖无须详细考虑每个判断表达式，可以直观地从源程序中有效测试执行语句是否全部被覆盖，由于程序在设计时，语句之间存在许多内部逻辑关系，而语句覆盖不能发现其中存在的缺陷，因此语句覆盖并不能满足白盒测试的测试所有逻辑语句的基本需求。

3.1.2   判定覆盖

判定覆盖（Decision Coverage）又称为分支覆盖，其原则是设计足够多的测试用例，在测试过程中保证每个判定至少有一次为真值，有一次为假值。判定覆盖的作用是使真假分支均被执行，虽然判定覆盖比语句覆盖测试能力强，但仍然具有和语句覆盖一样的单一性。以图 3-1 及其程序为例，设计判定覆盖测试用例，如表 3-1 所示。

表 3-1   判定覆盖测试用例

测试用例	x	y	z	执行语句路径
test1	2	−1	1	acd
test2	−3	1	−1	abd
test3	3	−1	5	ace
test4	1	1	−1	abe

由表 3-1 可以看出，这 4 个测试用例覆盖了 acd、abd、ace、abe 4 条路径，使得每个判定语句的取值都满足了各有一次 "真" 与 "假"。相比于语句覆盖，判定覆盖的覆盖范围

更广泛。判定覆盖虽然保证了每个判定至少有一次为真值，有一次为假值，但是却没有考虑到程序内部的取值情况，例如，测试用例 test4，没有将 $x>2$ 作为条件进行判断，仅仅判断了 $z>0$ 的条件。

判定覆盖语句一般是由多个逻辑条件组成的，如果仅仅判断测试程序执行的最终结果而忽略每个条件的取值，必然会遗漏部分测试路径，因此，判定覆盖也属于弱覆盖。

3.1.3　条件覆盖

条件覆盖（Condition Coverage）指的是设计足够多的测试用例，使判定语句中的每个逻辑条件取真值与取假值至少出现一次，例如，对于判定语句 IF(a>1 OR c<0) 中存在 $a>1$、$c<0$ 2 个逻辑条件，设计条件覆盖测试用例时，要保证 $a>1$、$c<0$ 的"真""假"值至少出现一次。下面以图 3-1 及其程序为例，设计条件覆盖测试用例，在该程序中，有 2 个判定语句，每个判定语句有 2 个逻辑条件，共有 4 个逻辑条件，使用标识符标识各个逻辑条件取真值与取假值的情况，如表 3-2 所示。

表 3-2　条件覆盖判定条件

条件 1	条件标记	条件 2	条件标记
$x>0$	S1	$x>2$	S3
$x \leqslant 0$	−S1	$x \leqslant 2$	−S3
$y<0$	S2	$z>0$	S4
$y \geqslant 0$	−S2	$z \leqslant 0$	−S4

在表 3-2 中，使用 S1 标记 $x>0$ 取真值（即 $x>0$ 成立）的情况，−S1 标记 $x>0$ 取假值（即 $x>0$ 不成立）的情况。同理，使用 S2、S3、S4 标记 $y<0$、$x>2$、$z>0$ 取真值，使用 −S2、−S3、−S4 标记 $y<0$、$x>2$、$z>0$ 取假值，最后得到执行条件判断语句的 8 种状态，设计测试用例时，要保证每种状态都至少出现一次。设计测试用例的原则是尽量以最少的测试用例达到最大的覆盖率，则 3.1.1 小节中该段程序的条件覆盖测试用例如表 3-3 所示。

表 3-3　条件覆盖测试用例

测试用例	x	y	z	条件标记	执行路径
Test1	3	1	5	S1、−S2、S3、S4	abe
Test2	−3	1	−1	−S1、−S2、−S3、−S4	abd
Test3	3	−1	1	S1、S2、S3、−S4	ace

3.1.4　判定 − 条件覆盖

判定 − 条件覆盖（Condition/Decision Coverage）要求设计足够多的测试用例，使得判定语句中所有条件的可能取值至少出现一次，同时，所有判定语句的可能结果也至少出现一次。例如，对于判定语句 IF(a>1 AND c<1)，该判定语句有 $a>1$、$c<1$ 两个条件，则在设计测试用例时，

要保证 a>1、c<1 两个条件取"真""假"值至少一次，同时，判定语句 IF(a>1 AND c<1) 取"真""假"值也至少出现一次。这就是判定 – 条件覆盖，它弥补了判定覆盖和条件覆盖的不足之处。

根据判定 – 条件覆盖原则，以图 3-1 及其程序为例设计判定 – 条件覆盖测试用例，如表 3-4 所示。

表 3-4   判定 – 条件覆盖测试用例

测试用例	x	y	z	条件标记	条件 1	条件 2	执行路径
test1	3	1	5	S1、–S2、S3、S4	0	1	abe
test2	–3	1	–1	–S1、–S2、–S3、–S4	0	0	abd
test3	3	–1	1	S1、S2、S3、–S4	1	1	ace

在表 3-4 中，条件 1 是指判定语句"IF $x>0$ AND $y<0$"，条件 2 是指判定语句"IF $x>2$ OR $z>0$"，条件判断的值 0 表示"假"，1 表示"真"。表 3-4 中的 3 个测试用例满足了所有条件可能取值至少出现一次，以及所有判定语句可能结果也至少出现一次的要求。

相比于条件覆盖、判定覆盖，判定 – 条件覆盖弥补了两者的不足之处，但是由于判定 – 条件覆盖没有考虑判定语句与条件判断的组合情况，其覆盖范围并没有比条件覆盖更全面，判定 – 条件覆盖也没有覆盖 acd 路径，因此判定 – 条件覆盖仍旧存在遗漏测试的情况。

3.1.5　条件组合覆盖

条件组合（Multiple Condition Coverage）指的是设计足够多的测试用例，使判定语句中每个条件的所有可能至少出现一次，并且每个判定语句本身的判定结果也至少出现一次，它与判定 – 条件覆盖的差别是，条件组合覆盖不是简单地要求每个条件都出现"真"与"假"两种结果，而是要求让这些结果的所有可能组合都至少出现一次。

以图 3-1 及其程序为例，该程序中共有 4 个条件：$x>0$、$y<0$、$x>2$、$z>0$，我们依然用 S1、S2、S3、S4 标记这 4 个条件成立，用 –S1、–S2、–S3、–S4 标记这些条件不成立。S1 与 S2 属于一个判定语句，两两组合有 4 种情况，如下所示。

· S1，S2
· S1，–S2
· –S1，S2
· –S1，–S2

同样，S3 与 S4 属于一个判定语句，两两组合也有 4 种情况。两个判定语句的组合情况各有 4 种。在执行程序时，只要能分别覆盖两个判定语句的组合情况即可，因此，针对图 3-1 中的程序，条件组合覆盖至少要设计 4 个测试用例。条件组合覆盖的 4 种情况如表 3-5 所示。

表 3-5   条件组合的 4 种情况

序号	组合	含义
1	S1、S2、S3、S4	$x>0$ 成立，$y<0$ 成立，$x>2$ 成立，$z>0$ 成立
2	S1、–S2、S3、–S4	$x>0$ 成立，$y<0$ 不成立，$x>2$ 成立，$z>0$ 不成立

续表

序号	组合	含义
3	-S1、S2、-S3、S4	$x>0$ 不成立，$y<0$ 成立，$x>2$ 不成立，$z>0$ 成立
4	-S1、-S2、-S3、-S4	$x>0$ 不成立，$y<0$ 成立，$x>2$ 不成立，$z>0$ 不成立

根据表 3-5 的组合情况，设计测试用例，具体如表 3-6 所示。

表 3-6　条件组合覆盖测试用例

序号	组合	测试用例			条件 1	条件 2	覆盖路径
		x	y	z			
test1	S1、S2、S3、S4	3	-1	5	1	1	ace
test2	-S1、S2、-S3、S4	-5	-2	1	0	1	abe
test3	S1、-S2、S3、-S4	6	1	-2	0	1	abe
test4	-S1、-S2、-S3、-S4	-3	1	-1	0	0	abd

表 3-6 中的 4 个测试用例覆盖了两个判定语句中简单表达式的所有组合，与判定 – 条件覆盖相比，条件组合覆盖包括了所有判定 – 条件覆盖，因此它的覆盖范围更广。但是当程序中条件比较多时，条件组合的数量会呈线性增长，组合情况非常多，要设计的测试用例也会增加，这样反而会使测试效率降低。

3.1.6　实例：三角形逻辑覆盖问题

在上一章节的黑盒测试中我们使用了决策表法判断三角形类型，根据三角形 3 条边的关系可将三角形分为 4 种类型：不构成三角形、一般三角形、等腰三角形、等边三角形。根据该原则实现一个判断三角形的程序，伪代码如下。

```
1  INT A B C                              // 三角形的 3 条边
2  IF((A+B>C)&&(A+C>B)&&(B+C)>A)          // 是否满足三角形成立条件
3      IF((A==B)&&(B==C))                 // 等边三角形
4          等边三角形
5      ELSE IF((A==B)||(B==C)||(A==C))    // 等腰三角形
6          等腰三角形
7      ELSE                               // 一般三角形
8          一般三角形
9  ELSE
10     不是三角形
11 END
```

上述代码的流程图如图 3-2 所示。

对上述程序进行分析，程序的执行路径可用图 3-3 表示。

图 3-3 中的数字是代码行号，当执行程序输入数据时，程序根据条件判断沿着不同的路径执行。如果使用判定覆盖，使程序中每个判定语句至少有一次"真"值，至少有一次"假"值，根据图 3-2 和图 3-3 可设计 4 个测试用例，如表 3-7 所示。

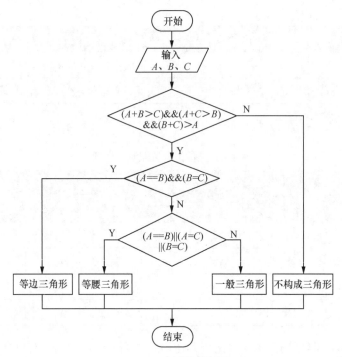

图 3-2 三角形程序流程图

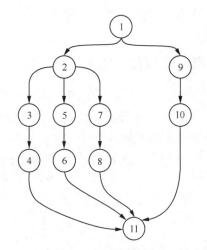

图 3-3 程序执行路径

表 3-7 三角形程序判定覆盖测试用例

编号	测试用例			路径	预期输出
	A	B	C		
test1	6	6	6	1–2–3–4–11	等边三角形
test2	6	6	8	1–2–5–6–11	等腰三角形
test3	3	4	5	1–2–7–8–11	一般三角形
test4	3	3	6	1–9–10–11	不构成三角形

3.2 程序插桩法

程序插桩法是一种被广泛使用的软件测试技术，由 J.C.Huang 教授提出。简单来说，程序插桩就是往被测试程序中插入测试代码以达到测试目的的方法，插入的测试代码被称为探针。根据测试代码插入的时间可以将程序插桩法分为目标代码插桩和源代码插桩，本节将对这两种插桩方法进行详细介绍。

3.2.1 目标代码插桩

目标代码插桩是指向目标代码（二进制代码）插入测试代码获取程序运行信息的测试方法，也称为动态程序分析方法。在进行目标代码插桩之前，测试人员要对目标代码逻辑结构进行分析，从而确认需要插桩的位置。

目标代码插桩对程序运行时的内存监控、指令跟踪、错误检测等有着重要意义。相比于逻辑覆盖法，目标代码插桩在测试过程中不需要代码重新编译或链接程序，并且目标代码的格式和具体的编程语言无关，主要和操作系统相关，因此目标代码插桩有着广泛的使用。

1. 目标代码插桩的原理

目标代码插桩法的原理是在程序运行平台和底层操作系统之间建立中间层，通过中间层检查执行程序、修改指令，开发人员、软件分析工程师等对运行的程序进行观察，判断程序是否被恶意攻击或者出现异常行为，从而提高程序的整体质量。

2. 目标代码插桩法的执行模式

由于目标代码是可执行的二进制程序，因此目标代码的插桩可分为两种情况：一种是对未运行的目标代码插桩，从头到尾插入测试代码，然后执行程序。这种方式适用于需要实现完整系统或仿真时进行的代码覆盖测试。另一种情况是向正在运行的程序插入测试代码，用来检测程序在特定时间的运行状态信息。

目标代码插桩具有以下 3 种执行模式。

（1）即时模式（Just-In-Time）：原始的二进制或可执行文件没有被修改或执行，将修改部分的二进制代码生成文件副本存储在新的内存区域中，在测试时仅执行修改部分的目标代码。

（2）解释模式（Interpretation Mode）：在解释模式中目标代码被视为数据，测试人员插入的测试代码作为目标代码指令的解释语言，每当执行一条目标代码指令，程序就会在测试代码中查找并执行相应的替代指令，测试通过替代指令的执行信息就可以获取程序的运行信息。

（3）探测模式（Probe Mode）：探测模式使用新指令覆盖旧指令进行测试，这种模式在某些体系结构（如 x86）中比较好用。

3. 目标代码插桩工具

由于目标程序是可执行的二进制文件，人工插入代码是无法实现的，因此目标代码插桩一般通过相应的插桩工具实现，插桩工具提供的 API 可以为用户提供访问指令。常见的目标代码插桩工具主要有以下 2 种。

（1）Pin-Dynamic Binary Instrumentation Tools（简称 Pin）

Pin 是由 Intel 公司开发的免费框架，它可以用于二进制代码检测与源代码检测。Pin 支持 IA-32、x86-64、MIC 体系，可以运行在 Linux、Windows 和 Android 平台。Pin 具有基本块分析器、缓存模拟器、指令跟踪生成器等模块，使用该工具可以创建程序分析工具、监视程序运行的状态信息等。Pin 非常稳定可靠，常用于大型程序测试，如 Office 办公软件、虚拟现实引擎等。

（2）DynamoRIO

DynamoRIO 是一个许可的动态二进制代码检测框架，作为应用程序和操作系统的中间平台，它可以在程序执行时实现程序任何部分的代码转换。DynamoRIO 支持 IA-32、AMD64、Arch64 体系，可以运行在 Linux、Windows 和 Android 平台。DynamoRIO 包含内存调试工具、内存跟踪工具、指令跟踪工具等。

3.2.2　源代码插桩

源代码插桩是指对源文件进行完整的词法、语法分析后，确认插桩的位置，植入探针代码。相比于目标代码插桩，源代码插桩具有针对性和精确性。源代码插桩模型如图 3-4 所示。

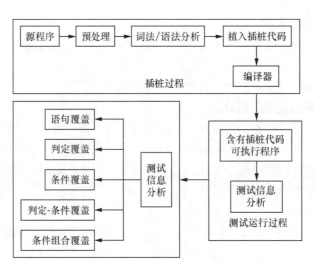

图 3-4　源代码插桩模型

从图 3-4 可以看出，源代码插桩是在程序执行之前完成的，因此源代码插桩在程序运行过程中会产生探针代码的开销。相比于目标代码插桩，源代码插桩实现复杂程度低。源代码插桩是源代码级别的测试技术，探针代码程序具有较好的通用性，使用同一种编程语言编写的程序可以使用一个探针代码程序来完成测试。

上面讲解了源代码插桩的概念与模型，为了让读者理解源代码插桩的使用，下面通过一个小案例来讲解源代码插桩。该案例是一个除法运算，代码如下所示。

```
1   #include <stdio.h>
2   #define ASSERT(y) if(y){  printf("出错文件:%s\n",__FILE__);\
3                     printf("在第%d行:\n",__LINE__);
4                     printf("提示:除数不能为0！\n");\
```

```
5                              }            // 定义 ASSERT(y)
6  int main()
7  {
8      int x,y;
9      printf("请输入被除数：");
10     scanf("%d",&x);
11     printf("请输入除数：");
12     scanf("%d",&y);
13     ASSERT(y==0);                // 插入的桩（即探针代码）
14     printf("%d",x/y);
15     return 0;
16 }
```

为了监视除法运算除数输入是否正确，在代码第 13 行插入宏函数 ASSERT(y)，当除数为 0 时打印错误原因、出错文件、出错行数等信息提示。宏函数 ASSERT(y) 中使用了 C 语言标准库的宏定义 "__FILE__" 提示出错文件、"__LINE__" 提示文件出错位置。

程序运行后，提示输入被除数和除数，在输入除数后，程序宏函数 ASSERT(y) 判断除数是否为 0，若除数为 0 则打印错误信息，程序运行结束；若除数不为 0，则进行除法运算并打印计算结果。根据除法运算规则设计测试用例，如表 3-8 所示。

表 3-8　除法运算测试用例

测试用例	数据输入	预期输出结果
T1	1, 1	1
T2	1, -1	-1
T3	-1, -1	1
T4	-1, 1	-1
T5	1, 0	错误
T6	-1, 0	错误
T7	0, 0	错误
T8	0, 1	0
T9	0, -1	0

对插桩后的 C 源程序进行编译、链接，生成可执行文件并运行，然后输入表 3-8 中的测试用例数据，读者可观察测试用例的实际执行结果与预期结果是否一致。

程序插桩测试方法有效地提高了代码测试覆盖率，但是插桩测试方法会带来代码膨胀、执行效率低下和 HeisenBugs，在一般情况下插桩后的代码膨胀率在 20% ~ 40%，甚至能达到 100% 导致插桩测试失败。

小提示：HeisenBugs

HeisenBugs 即海森堡 Bug，它是一种软件缺陷，这种缺陷的重现率很低，当人们试图研究时 Bug 会消失或改变行为。实际开发软件测试中，这种缺陷也比较常见，例如，测试人员测试到一个缺陷提交给开发人员后，开发人员执行缺陷重现步骤却得不到报告的缺陷，因为缺陷已经消失或者出现了其他缺陷。

多学一招：黑盒测试和白盒测试的异同

1. 黑盒测试和白盒测试比较

黑盒测试过程中不用考虑内部逻辑结构，仅仅需要验证软件外部功能是否符合用户实际需求。黑盒测试可以发现以下缺陷。

（1）外部逻辑功能缺陷，如界面显示信息错误等。

（2）兼容性错误，如系统版本支持、运行环境等。

（3）性能问题，如运行速度、响应时间等。

白盒测试与黑盒测试不同，白盒测试可以设计测试用例尽可能覆盖程序中的分支语句，分析程序内部结构。白盒测试常用于以下几种情况。

（1）源程序中含有多个分支，在设计测试用例时要尽可能覆盖所有分支，提高测试覆盖率。

（2）内存泄漏检查迅速，黑盒测试只能在程序长时间运行中发现内存泄漏问题，而白盒测试能立即发现内存泄漏问题。

2. 测试阶段

黑盒测试与白盒测试在不同的测试阶段使用情况也不同，两者在不同阶段的使用情况如表 3-9 所示。

表 3-9　黑盒测试和白盒测试不同阶段的使用情况

测试名称	测试对象	测试方法
单元测试	模块功能（函数、类）	白盒测试
集成测试	接口测试（数据传递）	黑盒测试和白盒测试
系统测试	系统测试（软件、硬件）	黑盒测试
验收测试	系统测试（软件、硬件、用户体验）	黑盒测试

从表 3-9 中可以看出各个阶段使用的测试方法不同，在测试过程中，黑盒测试与白盒测试结合使用会大大提升软件测试质量。

3.2.3　实例：求 3 个数的中间值

通过插桩法的学习，我们知道程序可以使用目标代码插桩法和源代码插桩法进行测试。下面通过一个案例对源代码插桩进行讲解，以加深读者对源代码插桩的理解。该案例要求从键盘输入 3 个数并求中间值，源程序如下所示。

```
1   #include <stdio.h>
2   int main()
3   {
4       int i,mid,a[3];
5       for(i=0;i<3;i++)
6           scanf("%d",&a[i]);
7       mid=a[2];
```

```
8     if(a[1]<a[2])
9     {
10        if(a[0]<a[1])
11            mid=a[1];
12        else if(a[0]<a[2])
13            mid=a[1];
14    }
15    else
16    {
17        if(a[0]>a[1])
18            mid=a[1];
19        else if(a[0]>a[2])
20            mid=a[0];
21    }
22    printf(" 中间值是 :%d\n",mid);
23    return 0;
24 }
```

上述代码是比较 3 个数中间值的源码，使用探针 LINE() 对源程序进行插桩，该探针监视程序执行过程。程序在执行后，LINE() 会将程序的执行过程写入到一个名为 test.txt 的文件中。若没有 test.txt 文件，则自动创建；若 test.txt 文件已存在，则在每次执行程序之后从文件开始重新写入文件，覆盖上一次程序写入文件的数据。测试人员通过写入的文件可以查看源程序执行的过程。

插桩后的代码如下。

```
1  #include <stdio.h>
2  #define  LINE() fprintf(__POINT__,"%3d",__LINE__)
3  FILE *__POINT__;
4  int main()
5  {
6     if((__POINT__=fopen("test.txt","w"))==NULL)
7         fprintf(stderr," 不能打开 test.txt 文件 ");
8     int i,mid,a[3];
9     for(LINE(),i=0;i<3;LINE(),i++)
10        LINE(),scanf("%d",&a[i]);
11    LINE(),mid=a[2];
12    if(LINE(),a[1]<a[2])
13    {
14        if(LINE(),a[0]<a[1])
15            LINE(),mid=a[1];
16        else if(LINE(),a[0]<a[2])
17            LINE(),mid=a[1];
18    }
19    else
20    {
21        if(LINE(),a[0]>a[1])
22            LINE(),mid=a[1];
23        else if(LINE(),a[0]>a[2])
24            LINE(),mid=a[0];
25    }
26    LINE(),printf(" 中间值是 :%d\n",mid);
```

```
27      LINE(),fclose(__POINT__);
28      return 0;
29  }
```

源代码插入完成之后，设计测试用例，本案例中依据 3 个数的不同组合设计测试用例，具体如表 3-10 所示。

表 3-10　测试用例

测试用例	测试数据	预期输出结果
T1	1，1，2	1
T2	1，2，3	2
T3	3，2，1	2
T4	3，3，3	3
T5	6，4，5	5
T6	6，8，4	6
T7	8，4，9	8

使用表 3-10 中的测试用例测试程序，程序运行后得到的输出结果与程序执行路径如表 3-11 所示。

表 3-11　输出结果与程序执行路径

测试用例	输出结果	源程序执行路径
T1	1	9-10-9-10-9-10-9-11-12-14-16-17-26-27
T2	2	9-10-9-10-9-10-9-11-12-14-15-26-27
T3	2	9-10-9-10-9-10-9-11-12-21-22-26-27
T4	3	9-10-9-10-9-10-9-11-12-21-23-26-27
T5	5	9-10-9-10-9-10-9-11-12-14-16-26-27
T6	6	9-10-9-10-9-10-9-11-12-21-23-24-26-27
T7	4	9-10-9-10-9-10-9-11-12-14-16-17-26-27

表 3-11 中的源程序执行路径是指代码中的行号。分析表 3-11 中测试用例输出结果会发现结果与表 3-10 测试用例 T7 期望结果不相符。对 T7 数据及执行过程进行分析，T7 测试用例数据为 8、4、9，其执行路径为 9-10-9-10-9-10-9-11-12-14-16-17-26-27。读者可以查看 test.txt 文件，如图 3-5 所示。

分析 T7 的执行路径可发现，执行完第 12 行代码（即 4<9）后，执行第 14 行代码（即 8<4），由于条件不成立，则执行第 16、17 行代码，即比较 8<9 成立，得出 4 为中间值。代码在实现上存在逻辑错误，只要输入的数据满足 a[0] 和 a[2] 大于 a[1] 且 a[0] 小于 a[2]，运行结果就会错误。

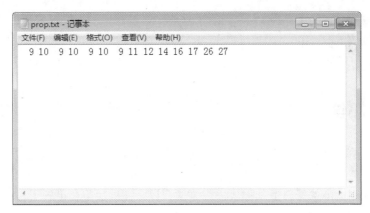

图 3-5 T7 测试用例执行路径

除了逻辑错误，源程序将程序执行的信息覆盖写入到了 test.txt 文件中，这样在查看 test. txt 文件时只能看到最近一次的执行过程，这违背了测试可溯源的原则。在修改代码逻辑错误时，同时修改 test.txt 的写入方式为追加写入，修改后的代码如下所示。

```
1  #include <stdio.h>
2  #define  LINE() fprintf(__POINT__,"%3d",__LINE__)
3  FILE *__POINT__;
4  int i,mid,a[3];
5  int main()
6  {
7      if((__POINT__=fopen("test.txt","a+"))==NULL)
8          fprintf(stderr,"不能打开 test.txt 文件");
9
10     for(LINE(),i=0;i<3;LINE(),i++)
11         LINE(),scanf("%d",&a[i]);
12     LINE(),mid=a[2];
13     if(LINE(),a[1]<a[2])
14     {
15         if(LINE(),a[0]<a[1])
16             LINE(),mid=a[1];
17         else if(LINE(),a[0]<a[2])
18             if(a[0]<a[1])
19                 LINE(),mid=a[1] ;
20             else
21                 mid=a[0] ;
22     }
23     else
24     {
25         if(LINE(),a[0]>a[1])
26             LINE(),mid=a[1];
27         else if(LINE(),a[0]>a[2])
28             LINE(),mid=a[0];
29     }
30     LINE(),printf("中间值是：%d\n",mid);
31     fprintf(__POINT__,"\n");
```

```
32    fclose(__POINT__);
33    return 0;
34 }
```

3.3 本章小结

本章讲解了白盒测试方法中的逻辑覆盖法和程序插桩法。逻辑覆盖法包含语句覆盖、判定覆盖、条件覆盖、判定－条件覆盖、条件组合覆盖，读者需要掌握这些方法以及它们之间的差别，在实际测试中选择合适的方法进行测试。程序插桩法主要讲解了目标代码插桩法和源代码插桩法，使用源代码插桩法设置合理的探针有助于在程序开发中查找逻辑错误。希望通过本章的学习，读者能掌握白盒测试方法和基本的测试流程。

3.4 本章习题

一、填空题

1.语句覆盖的目的是测试程序中的代码是否被执行，它只测试代码中的_____。

2._____的作用是使真假分支均被执行。

3._____是指判定语句中的每个条件都要取真、假值各一次。

4.对于判定语句IF(a>1 AND c<1)，测试时要保证a>1、c<1两个条件取"真""假"值至少一次，同时，判定语句IF(a>1 AND c<1)取"真""假"也至少出现一次，这使用了_____覆盖方法。

5._____要求判定语句中所有条件取值的可能组合都至少出现一次。

6.在程序插桩法中，插入到程序中的代码称为_____。

二、判断题

1.语句覆盖无法考虑分支组合情况。（   ）

2.目标代码插桩需要重新编译、链接程序。（   ）

3.语句覆盖可以测试程序中的逻辑错误。（   ）

4.判定－条件覆盖没有考虑判定语句与条件判断的组合情况。（   ）

5.对于源代码插桩，探针具有较好的通用性。（   ）

三、单选题

1.下列选项中，哪一项不属于逻辑覆盖？（   ）

　　A.语句覆盖　　　　　　　　　　　　B.条件覆盖

　　C.判定覆盖　　　　　　　　　　　　D.判定－语句覆盖

2.关于逻辑覆盖，下列说法中错误的是（   ）。

　　A.语句覆盖的语句不包括空行、注释等

　　B.相比于语句覆盖，判定覆盖考虑到了每个判定语句的取值情况

　　C.条件覆盖考虑到了每个逻辑条件取值的所有组合情况

　　D.在逻辑覆盖中，条件组合覆盖是覆盖率最大的测试方法

3. 关于程序插桩法，下列说法中错误的是（　　）。

　　A. 程序插桩法就是往被测试程序中插入测试代码以达到测试目的的方法

　　B. 程序插桩法可分为目标代码插桩和源代码插桩

　　C. 源代码插桩的程序需要经过编译、链接过程，但测试代码不参与编译、链接过程

　　D. 目标代码插桩是往二进制程序中插入测试代码

四、简答题

1. 请简述逻辑覆盖的几种方法及它们之间的区别。

2. 请简述目标代码插桩的 3 种执行模式。

第4章

性能测试

★了解性能测试的概念

★掌握性能测试的指标

★了解性能测试的种类

★熟悉性能测试的流程

★熟悉性能测试工具 LoadRunner 的使用

互联网的发展使得人们对软件产品与网络的依赖性越来越大，同时也加快了人们生活和工作的步伐。为了追求高质量、高效率的生活与工作，人们对软件产品的性能要求越来越高，例如软件产品要足够稳定、响应速度足够快，在用户量、工作量较大时也不会出现崩溃或卡顿等现象。人们对软件产品性能的高要求，使得软件性能测试越来越受到测试人员的重视。

性能测试是度量软件质量的一种重要手段，它从软件的响应速度、稳定性、兼容性、可移植性等方面检测软件是否满足用户需求。作为软件测试人员，性能测试是必须掌握的测试技能之一。本章将对性能测试的相关知识进行详细讲解。

4.1　性能测试概述

近些年来，由于软件系统的性能问题而引起严重后果的事件比比皆是，下面列举几个案例。

（1）2007 年 10 月，北京奥组委实行 2008 年奥运会门票预售，一时间订票官网访问量激增导致系统瘫痪，最终奥运会门票暂停销售 5 天。

（2）2009 年 11 月 22 日，由于商品交易量比去年同期增长 33%，正是由于多出的这 33%使得 eBay 网站不堪重负而崩溃，导致卖家蒙受当日销售额 80% 的损失，可谓损失惨重。

（3）12306 订票网站自 2010 年上线以来就饱受诟病，每年春运期间，该网站总会因为抢票高峰到来而崩溃，用户在买票时出现无法登录的现象。2014 年，12306 网站甚至出现了安全问题，用户可以轻易获取陌生人的身份证号码、手机号码等信息。

上述事件都是由于软件系统没有经过性能测试或者性能测试不充分而引发的问题。作为一名测试人员，除了要对软件的基本功能测试之外，还需要对软件性能进行测试，软件性能测试也是非常重要且非常必要的一项测试。

所谓性能测试就是使用性能测试工具模拟正常、峰值及异常负载状态，对系统的各项性能指标进行测试的活动。性能测试能够验证软件系统是否达到了用户期望的性能需求，同时也可以发现系统中可能存在的性能瓶颈及缺陷，从而优化系统的性能。

在进行性能测试时，首先要确定的是性能测试的目的，然后根据性能测试目的制定测试方案。通常情况下，性能测试的目的主要有以下几方面。

（1）验证系统性能是否满足预期的性能需求，包括系统的执行效率、稳定性、可靠性、安全性等。

（2）分析软件系统在各种负载水平下的运行状态，提高性能和效率。

（3）识别系统缺陷，寻找系统中可能存在的性能问题，定位系统瓶颈并解决问题。

（4）系统调优，探测系统设计与资源之间的最佳平衡，改善并优化系统的性能。

性能测试除了为利益相关者提供软件系统的执行效率、稳定性、可靠性等信息之外，更重要的是它揭示了产品上市之前需要做哪些改进以使产品更完善。如果没有性能测试，软件在投入使用之后会出现各种各样的性能问题，甚至引发安全问题，如信息泄露，除了声誉受损、金钱损失之外，还会造成恶劣的社会影响。

4.2　性能测试的指标

性能测试不同于功能测试，功能测试只要求软件的功能实现即可，而性能测试是测试软件功能的执行效率是否达到要求。例如某个软件具备查询功能，功能测试只测试查询功能是否实现，而性能测试却要求查询功能足够准确、足够快速。但是，对于性能测试来说，多快的查询速度才是足够快，什么样的查询情况才足够准确是很难界定的，因此，需要一些指标来量化这些数据。

性能测试常用的指标包括响应时间、吞吐量、并发用户数、TPS 等，下面分别进行介绍。

1. 响应时间

响应时间（Response Time）是指系统对用户请求做出响应所需要的时间。这个时间是指用户从软件客户端发出请求到用户接收到返回数据的整个过程所需要的时间，包括各种中间件（如服务器、数据库等）的处理时间，如图 4-1 所示。

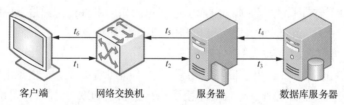

图 4-1　响应时间

在图 4-1 中，系统的响应时间为 $t_1+t_2+t_3+t_4+t_5+t_6$。响应时间越短，表明软件的响应速度越快，性能越好。但是响应时间需要与用户的具体需求相结合，例如火车订票查询功能响应时间一般 2s 内就可以完成，而在网站下载电影时，几分钟完成下载的速度就已经很快了。

系统的响应时间会随着访问量的增加、业务量的增长等变长，一般在性能测试时，除了测试系统的正常响应时间是否达到要求之外，还会测试在一定压力下系统响应时间的变化。

2. 吞吐量

吞吐量（Throughput）是指单位时间内系统能够完成的工作量，它衡量的是软件系统服务器的处理能力。吞吐量的度量单位可以是请求数 / 秒、页面数 / 秒、访问人数 / 天、处理业务数 / 小时等。

吞吐量是软件系统衡量自身负载能力的一个很重要的指标，吞吐量越大，系统单位时间内处理的数据就越多，系统的负载能力就越强。

3. 并发用户数

并发用户数是指同一时间请求和访问的用户数量。例如对于某一软件，同时有 100 个用户请求登录，则其并发用户数就是 100。并发用户数量越大，对系统的性能影响越大，并发用户数量较大可能会导致系统响应变慢、系统不稳定等。软件系统在设计时必须要考虑并发访问的情况，测试工程师在进行性能测试时也必须进行并发访问的测试。

4. TPS(Transaction per Second)

TPS 是指系统每秒钟能够处理的事务和交易的数量，它是衡量系统处理能力的重要指标。

5. 点击率（Hits per Second）

点击率是指用户每秒向 Web 服务器提交的 HTTP 请求数，这个指标是 Web 应用特有的一个性能指标，通过点击率可以评估用户产生的负载量，并且可以判断系统是否稳定。点击率只是一个参考指标，帮助衡量 Web 服务器的性能。

6. 资源利用率

资源利用率是指软件对系统资源的使用情况，包括 CPU 利用率、内存利用率、磁盘利用率等。资源利用率是分析软件性能瓶颈的重要参数。例如某一个软件，预期最大访问量为 1 万，但是当达到 6000 访问量时内存利用率就已经达到 80%，限制了访问量的增加，此时就需要考虑软件是否有内存泄漏等缺陷，从而进行优化。

4.3　性能测试的种类

系统的性能是一个很大的概念，覆盖面非常广泛，包括执行效率、资源占用、系统稳定性、安全性、兼容性、可靠性、可扩展性等，性能测试就是描述测试对象与性能相关的特征并对其进行评价而实施的一类测试。

性能测试是一个统称，它其实包含多种类型，主要有负载测试、压力测试、并发测试、配置测试等，每种测试类型都有其侧重点，下面对这几个主要的性能测试种类分别进行介绍。

1. 负载测试

负载测试是指逐步增加系统负载，测试系统性能的变化，并最终确定在满足系统性能指标的情况下，系统所能够承受的最大负载量。负载测试类似于举重运动，通过不断给运动员增加重量，确定运动员身体状况保持正常的情况下所能举起的最大重量。

对于负载测试来说，前提是满足性能指标要求。例如一个软件系统的响应时间要求不超过 2s，则在这个前提下，不断增加用户访问量，当访问量超过 1 万人时，系统的响应时间就会变慢，超过 2s，从而可以确定系统响应时间不超过 2s 的前提下最大负载量是 1 万人。

2. 压力测试

压力测试也叫强度测试，它是指逐步给系统增加压力，测试系统的性能变化，使系统某些资源达到饱和或系统崩溃的边缘，从而确定系统所能承受的最大压力。

压力测试与负载测试是有区别的，负载测试是在保持性能指标要求的前提下测试系统能够承受的最大负载，而压力测试则是使系统性能达到极限的状态。例如软件系统正常的响应时间为 2s，负载测试确定访问量超过 1 万时响应时间变慢。压力测试则继续增加用户访问量观察系统的性能变化，当用户增加到 2 万时系统响应时间为 3s，当用户增加到 3 万时响应时间为 4s，当用户增加到 4 万时，系统崩溃无法响应。由此确定系统能承受的最大访问量为 4 万。

压力测试可以揭露那些只有在高负载条件下才会出现的 Bug(缺陷)，如同步问题、内存泄漏等。

> **小提示：**
>
> 性能测试中还有一种压力测试叫作峰值测试，它是指瞬间（不是逐步加压）将系统压力加载到最大，测试软件系统在极限压力下的运行情况。

3. 并发测试

并发测试是指通过模拟用户并发访问，测试多用户并发访问同一个应用、同一个模块或者数据记录时是否存在死锁或其他性能问题。并发测试一般没有标准，只是测试并发时会不会出现意外情况，几乎所有的性能测试都会涉及一些并发测试，例如多个用户同时访问某一条件数据，多个用户同时在更新数据，那么数据库可能就会出现访问错误、写入错误等异常情况。

4. 配置测试

配置测试是指调整软件系统的软硬件环境，测试各种环境对系统性能的影响，从而找到系统各项资源的最优分配原则。配置测试不改变代码，只改变软硬件配置，例如安装版本更高的数据库、配置性能更好的 CPU 和内存等，通过更改外部配置来提高软件的性能。

5. 可靠性测试

可靠性测试是指给系统加载一定的业务压力，使其持续运行一段时间（如 7×24h），测试系统在这种条件下是否能够稳定运行。由于加载有业务压力且运行时间较长，因此可靠性测试通常可以检测出系统是否有内存泄漏等问题。

6. 容量测试

容量测试是指在一定的软硬件及网络环境下，测试系统所能支持的最大用户数、最大存储量等。容量测试通常与数据库、系统资源（如 CPU、内存、磁盘等）有关，用于规划将来需求增长（如用户增长、业务量增加等）时，对数据库和系统资源的优化。

4.4　性能测试的流程

性能测试与普通的功能测试目标不同，因此其测试流程与普通的测试流程也不相同，虽然性能测试也遵循测试需求分析→测试计划制订→测试用例设计→测试执行→编写测试报告的基本过程，但在实现细节上，性能测试有单独一套流程，可用图 4-2 表示。

图 4-2 所示的是性能测试的一般测试流程，下面分步骤介绍性能测试过程的关键点。

1. 分析性能测试需求

性能测试需求分析是整个性能测试工作的基础，测试需求不明确则整个测试过程都是没有意义的。在性能测试需求分析阶段，测试人员需要收集有关项目的各种资料，并与开发人员进行沟通，对整个项目有一定的了解，针对需要性能测试的部分进行分析，确定测试目标。例如客户要求软件产品的查询功能响应时间不超过 2s，则需要明确多少用户量情况下，响应时间不超过 2s。对于刚上线的产品，用户量不多，但几年之后可能用户量会剧增，那么在性能测试时是否要测试产品的高并发访问，以及高并发访问下的响应时间。对于这些复杂

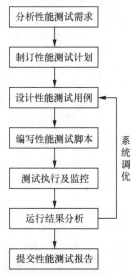

图 4-2　性能测试流程

的情况，性能测试人员必须要清楚客户的真实需求，消除不明确因素，做到更专业。

对于性能测试来说，测试需求分析是一个比较复杂的过程，不仅要求测试人员有深厚的理论基础（熟悉专业术语、专业指标等），还要求测试人员具备丰富的实践经验，如熟悉场景模拟、工具使用等。

2. 制订性能测试计划

性能测试计划是性能测试工作中的重中之重，整个性能测试的执行都要按照测试计划进行。在性能测试计划中，核心内容主要包括以下几个方面。

（1）确定测试环境：包括物理环境、生产环境、测试团队可利用的工具和资源等。

（2）确定性能验收标准：确定响应时间、吞吐量和系统资源（CPU、内存等）利用总目标和限制。

（3）设计测试场景：对产品业务、用户使用场景进行分析，设计符合用户使用习惯的场景，整理出一个业务场景表，为编写测试脚本提供依据。

（4）准备测试数据：性能测试是模拟现实的使用场景，例如模拟用户高并发，则需要准备用户数量、工作时间、测试时长等数据。

3. 设计性能测试用例

性能测试用例是根据测试场景为测试准备数据，例如模拟用户高并发，可以分别设计100 用户并发数量、1000 用户并发数量等，此外还要考虑用户活跃时间、访问频率、场景交互等各种情况。测试人员可以根据测试计划中的业务场景表设计出足够的测试用例以达到最大的测试覆盖。

4. 编写性能测试脚本

测试用例编写完成之后就可以编写测试脚本了，测试脚本是虚拟用户具体要执行的操作步骤，使用脚本执行性能测试免去了手动执行测试的麻烦，并且降低了手动执行的错误率。在编写测试脚本时，要注意以下几个事项。

（1）正确选择协议，脚本的协议要与被测软件的协议保持一致，否则脚本不能正确录制与执行。

（2）性能测试工具一般可以自动生成测试脚本，测试人员也可以手动编写测试脚本，而且测试脚本可以使用多种语言编写，如 Java、Python、JavaScript 等，具体可根据工具的支持情况和测试人员熟悉程度选取脚本语言。

（3）编写测试脚本时，要遵循代码编写规范，保证代码的质量。另外，有很多软件在性能测试上有很多类似的工作，因此脚本复用的情况也很多，测试人员最好做好脚本的维护管理工作。

5. 测试执行及监控

在这个阶段，测试人员按照测试计划执行测试用例，并对测试过程进行严密监控，记录各项数据的变化。在性能测试执行过程中，测试人员的关注点主要有以下几个。

（1）性能指标：本次性能测试要测试的性能指标的变化，如响应时间、吞吐量、并发用户数量等。

（2）资源占用与释放情况：性能测试执行时，CPU、内存、磁盘、网络等使用情况。性能测试停止后，各项资源是否能正常释放以供后续业务使用。

（3）警告信息：一般软件系统在出现问题时会发出警告信息，当有警告信息时，测试人员要及时查看。

（4）日志检查：进行性能测试时要经常分析系统日志，包括操作系统、数据库等日志。

在测试过程中，如果遇到与预期结果不符合的情况，测试人员要调整系统配置或修改程序代码来定位问题。

性能测试监控对性能测试结果分析、对软件的缺陷分析都起着非常重要的作用。由于性能测试执行过程需要监控的数据复杂多变，它要求测试人员对监控的数据指标有非常清楚的认识，同时还要求测试人员对性能测试工具非常熟悉。作为性能测试人员，应该不断努力，深入学习，不断积累知识经验，才能做得更好。

6. 运行结果分析

性能测试完成之后，测试人员需要收集整理测试数据并对数据进行分析，将测试数据与客户要求的性能指标进行对比，若不满足客户的性能要求，需要进行性能调优然后重新测试，直到产品性能满足客户需求。

7. 提交性能测试报告

性能测试完成之后需要编写性能测试报告，阐述性能测试的目标、性能测试环境、性能测试用例与脚本使用情况、性能测试结果及性能测试过程中遇到的问题和解决办法等。软件产品不会只进行一次性能测试，因此性能测试报告需要备案保存，作为下次性能测试的参考。

4.5   性能测试工具

性能测试是软件测试中一个很重要的分支，人们为了提高性能测试的效率，开发出了很多性能测试工具。一款好的测试工具可以极大地提高测试效率，为发现软件缺陷提供重要依据。目前，市面上的性能测试工具很多，有收费的也有免费的，本节将介绍两个比较常用的性能测试工具：LoadRunner 和 JMeter。

4.5.1   LoadRunner

LoadRunner 最初是由 Mercury 公司开发的一款性能测试工具，2006 年被惠普（HP）公司收购，此后，LoadRunner 就成为了 HP 公司重要的产品之一。LoadRunner 是一款适用于各种体系架构的性能测试工具，它能预测系统行为并优化系统性能，其工作原理是通过模拟一个多用户（虚拟用户）并行工作的环境来对应用程序进行负载测试。在进行负载测试时，LoadRunner 能够使用最少的硬件资源为模拟出来的虚拟用户提供一致的、可重复并可度量的负载，在测试过程中监控用户想要的数据和参数。测试完成，LoadRunner 可以自动生成分析报告，给用户提供软件产品所需要的性能信息。

相比于其他性能测试工具，LoadRunner 主要有以下特点。

（1）广泛支持业界标准协议。

（2）支持多种平台开发的脚本。

（3）可创建真实的系统负载。

（4）具有强大的实时监控与数据采集功能。

（5）可以精确分析结果，定位软件问题。

LoadRunner 好用且功能强大，唯一美中不足的是它不是开源产品，使用 LoadRunner 的用户需要向 HP 公司付费。

LoadRunner 工具主要由 3 部分组成：Virtual User Generator（简写为 VuGen）、Controller 和 Analysis。下面分别介绍这 3 个组成部分的作用。

1. VuGen（ Virtual User Generator ）

LoadRunner 是通过多个虚拟用户在系统中同时工作或访问系统的环境来进行性能测试的，虚拟用户进行的操作通常被记录在虚拟用户脚本中，而 VuGen 就是用于创建虚拟用户脚本的工具，因此它也被称为虚拟用户脚本生成器。

在创建脚本时，VuGen 会生成多个函数用于记录虚拟用户所执行的操作，并将这些函数插入到 VuGen 编辑器中生成基本的虚拟用户脚本，这个创建脚本的过程也叫作录制脚本。例如，有一款软件产品基于数据库服务器，所有用户的信息都保存在数据库中，当用户查询信息时，整个查询过程可分为以下几个操作。

（1）登录软件。

（2）连接到数据库服务器。

（3）提交 SQL 查询。

（4）检索并处理服务器响应。

（5）与服务器断开连接。

VuGen 会监控上述操作，并以代码的形式将这几个操作记录下来，生成一个 VBScript 脚本文件。当执行该脚本文件时，可以自动执行上述操作，即自动执行查询操作。在录制期间，VuGen 会监控虚拟用户的行为，并跟踪用户发送到服务器的所有请求以及从服务器接收到的所有应答。

2. Controller

Controller 用于创建和控制 LoadRunner 场景，场景负责定义每次测试中发生的事件，包括模拟的用户数、用户执行的操作以及测试要监控的性能指标等。

以 VuGen 中所举的软件产品为例，用户可以登录软件查询个人信息，如果全国各地的用户都要查询信息，那么软件可以承受多大的负载？这就需要进行负载测试，例如使用 100 个用户同时执行查询操作并观察软件的运行情况，这就是一个场景，这个场景可以使用 Controller 来定义。设置 100 个虚拟用户，让这 100 个虚拟用户同时执行 VuGen 录制的查询操作脚本，这就相当于让 100 个用户同时执行查询操作，在场景运行期间添加响应时间、并发用户数等性能指标，监控这些指标的变化，检查服务器的可靠性及负载能力。

3. Analysis

Analysis 是 LoadRunner 的数据分析工具，它可以收集性能测试中的各种数据，对其进行分析并生成图表和报告供测试人员查看。

关于 LoadRunner 的安装以及这 3 个工具的使用，后面会进行详细讲解，在这里读者对 LoadRunner 以及这 3 个工具有一个整体的认识即可。

4.5.2　JMeter

JMeter 是由 Apache 公司开发和维护的一款开源免费的性能测试工具。JMeter 以 Java 作为底层支撑环境，它最初是为测试 Web 应用程序而设计的，但后来随着发展逐步扩展到了其他领域。现在 JMeter 可用于静态资源和动态资源的测试，例如，它可用于模拟服务器、服务器组、网络或对象上的重负载以测试其强度、分析不同负载类型下的整体性能。

JMeter 的工作原理与 LoadRunner 类似，它也是通过模拟出多个虚拟用户向服务器发送请求，检测响应返回情况，如并发用户数、响应时间、资源占用情况等，以此检测系统的性能。与 LoadRunner 不同的是，JMeter 工具通过线程组创建虚拟用户，一个线程组可以设置多个线程，每个线程就是一个虚拟用户，这些线程相互独立，互不影响。虚拟用户向服务器发送一个请求，JMeter 称之为一次采样，这个操作由采样器来完成。

JMeter 工具主要由以下几个核心组件构成。

（1）逻辑控制器（Logic Controller）：逻辑控制器确定采样器的执行顺序。

（2）配置元件（Config Element）：配置元件可用于设置默认属性和变量等数据，供采样器获取所需要的各种配置信息。

（3）前置处理器（Per Processors）：在实际的请求发出之前，对即将发出的请求进行特殊的处理。例如，HTTP URL 重写修饰符可以实现 URL 重写，当发送的请求中有 SessionID 信息时，可以通过该前置处理器填充发出请求的实际 SessionID。

（4）定时器（Timer）：用于在操作之间设置等待时间。

（5）采样器（Sampler）：采样器是 JMeter 的主要执行组件，它用于向服务器发送一个请求，并记录响应信息，包括成功 / 失败、响应时间、数据大小等。JMeter 支持多种不同的采样器，可根据设置的不同参数向服务器发送不同类型的请求（HTTP、FTP、TCP 等）。

（6）后置处理器（Post Processors）：后置处理器一般放在采样器之后，用来处理服务器的返回结果。

（7）断言（Assertions）：断言用于检查测试得到的数据是否符合预期结果。

（8）监听器（Listener）：用于监听测试结果。此外，监听器还具备查看、保存和读取测试结果的功能。

使用 JMeter 进行性能测试时，在线程组中设置好相关参数，并通过配置元件、前置处理器、定时器、断言等组件设置其他的参数信息，然后使用采样器发送请求，通过后置处理器、断言、监听器等组件分析查看测试结果。

与 LoadRunner 相比，JMeter 是一款开源免费的轻量级工具，安装简单，并且支持二次开发，但是在性能测试过程中，JMeter 的录制功能、环境调试功能与 LoadRunner 都存在一定差距，而且 JMeter 的报表较少，结果分析也没有 LoadRunner 详细。总之，JMeter 和 LoadRunner 各有优势与不足，读者在测试时可以根据自己的需要进行选择。

4.6 实例：网站负载测试

前面几节讲解了性能测试的基础知识及测试工具，为了让读者可以快速了解一个完整的性能测试过程，以及熟悉性能测试工具的使用，本节通过一个具体的实例演示如何使用性能测试工具进行性能测试。在本次测试中，使用 LoadRunner 测试工具对一个网站进行负载测试。

4.6.1 LoadRunner 的安装

LoadRunner 从诞生到现在经历了很多版本，目前最新版本为 12.60，相比于之前的版本，LoadRunner 12.60 产品功能更完善、支持更多的虚拟用户、支持更多的浏览器、支持网络虚拟化等，因此本书选择 LoadRunner 12.60 进行安装。

读者可以登录 LoadRunner 官网下载 LoadRunner 安装包。需要注意的是，在下载之前要先进行注册，注册页面如图 4-3 所示。

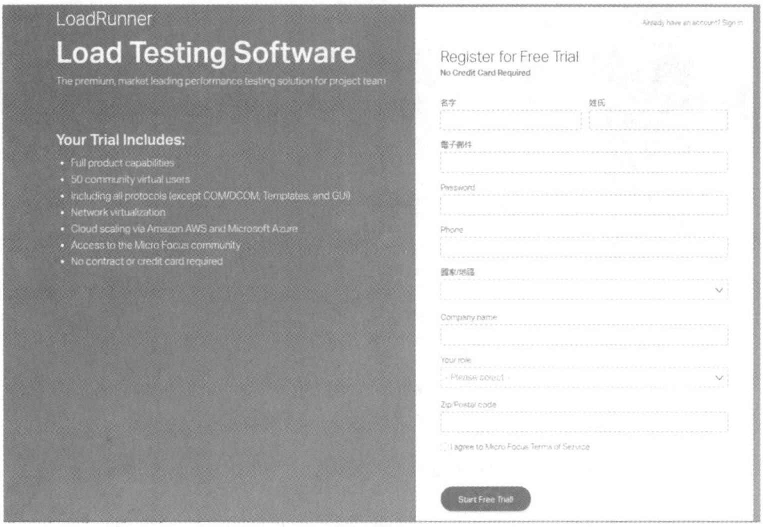

图 4-3　注册页面

注册完毕后，下载 LoadRunner 解压安装。LoadRunner 安装步骤如下所示。

（1）双击安装文件（.exe 结尾）将安装程序进行解压，弹出路径选择对话框，如图 4-4 所示。

图 4-4　LoadRunner 安装程序解压路径选择对话框

（2）在图 4-4 所示界面中，单击【Browse】按钮可以选择存储路径，设置好存储路径后，单击【Install】按钮开始安装，其过程如图 4-5 所示。

（3）安装程序解压完成之后，弹出安装向导对话框，如图 4-6 所示。

（4）在图 4-6 所示界面中，勾选【LoadRunner】单选按钮，然后单击【下一步】按钮，进入用户许可协议界面，如图 4-7 所示。

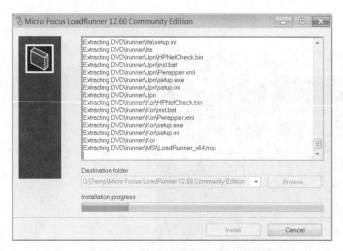

图 4-5　LoadRunner 安装程序解压过程

图 4-6　LoadRunner 安装向导

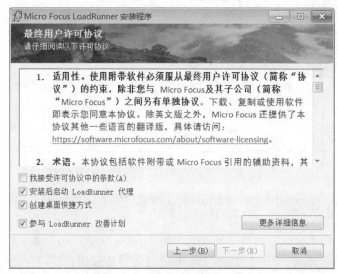

图 4-7　LoadRunner 用户许可协议

（5）在图 4-7 所示界面中，勾选【我接受许可协议中的条款】，然后单击【下一步】按钮，进入安装路径选择界面，如图 4-8 所示。

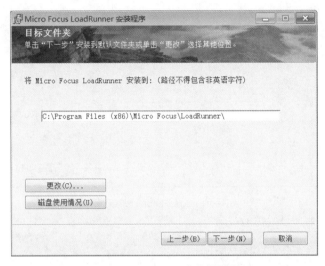

图 4-8　LoadRunner 安装路径选择

（6）在图 4-8 所示界面中，默认的安装路径在 C 盘，单击【更改】按钮可以更改安装路径，本书选择默认路径，然后单击【下一步】按钮，进入预备安装界面，如图 4-9 所示。

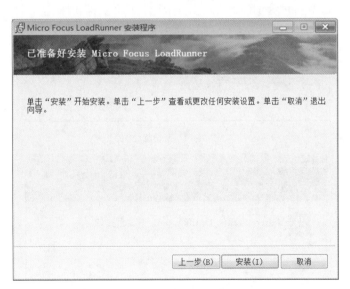

图 4-9　预备安装界面

（7）在图 4-9 所示界面中，单击【安装】按钮开始安装程序，安装过程如图 4-10 所示。

（8）图 4-10 所示的安装过程完成之后，进入身份验证阶段，如图 4-11 所示。

（9）在图 4-11 所示界面中，取消【指定 LoadRunner 代理将要使用的证书。】选项的勾选，然后单击【下一步】按钮，进入安装完成界面，如图 4-12 所示。

图 4-10 LoadRunner 安装过程

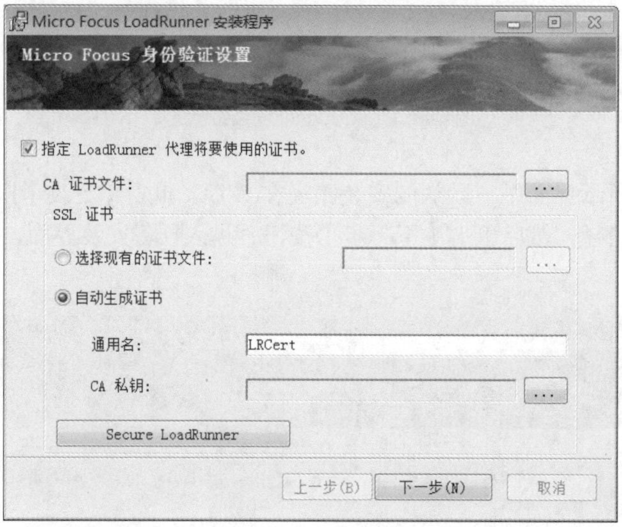

图 4-11 身份验证

图 4-12 安装完成

在图 4-12 所示界面中，取消【打开自述文件】选项的勾选，然后单击【完成】按钮完成安装。安装完成之后，会在桌面上生成 Analysis、Controller 和 Virtual User Generator 3 个相应的图标，如图 4-13 所示。

图 4-13　LoadRunner 桌面图标

至此，LoadRunner 工具安装完成。

4.6.2　项目准备工作

本次测试使用的是 LoadRunner 自带的测试项目，它是一个以本机作为服务器的航班订票管理系统 WebTours，用户可以在该网站预订机票、查询订单、改签机票等，读者可以到网上下载项目包。获取项目包之后进行解压，可以看到项目中有一个文件夹和一个文件，如图 4-14 所示。

登录网站之前，首先双击 strawberry-perl-5.10.1.0.msi 文件安装 Strawberry Perl 软件，该软件是 Perl 语言的编译器，它支持 Perl 脚本。由于 WebTours 网站使用 Perl 语言编写的，因此需要首先安装 Strawberry Perl 软件。

安装完 Strawberry Perl 软件后，进入 WebTours 的 conf 文件夹，打开 httpd.conf 文件，取消第 171 行代码注释，取消注释之后的代码如下所示。

```
171 ServerName localhost:1080
```

上述工作完成之后，单击 WebTours 文件夹下的 StartServer.bat 文件，双击打开此文件启动服务器，服务器启动成功界面如图 4-15 所示。

图 4-14　项目包

图 4-15　运行本地服务器

启动服务器之后，登录网站，网站首页如图 4-16 所示。

该网站的默认用户名为 jojo，密码为 bean，在登录之前需要先设置登录表单错误事件标记。在图 4-16 所示界面中，单击【administration】链接进入 Administration Page 页面，勾选第 3 个选项将网页设置为需要验证登录，然后单击下方的【Update】按钮即可，如图 4-17 所示。

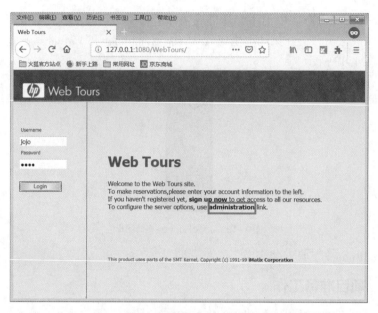

图 4-16 Web Tours 首页

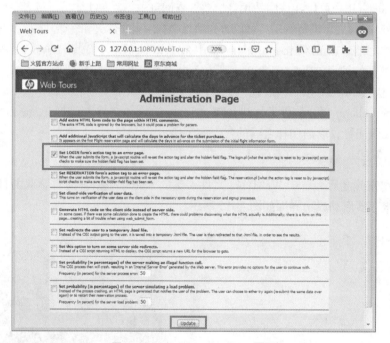

图 4-17 Administration Page 页面

设置完成之后返回首页，使用默认用户名 jojo 和密码 bean 进行登录，登录之后用户可以预订机票、查询订单。

4.6.3 使用 VuGen 录制脚本

本次测试为负载测试，使用 LoadRunner 模拟多个用户登录网站预订机票的情景，第一步就是要使用 VuGen 录制脚本，即将登录预订机票的操作步骤记录下来。下面介绍如何使用 VuGen 录制脚本。

1. 录制选项设置

双击打开 Virtual User Generator（VuGen）工具，其首页如图 4-18 所示。

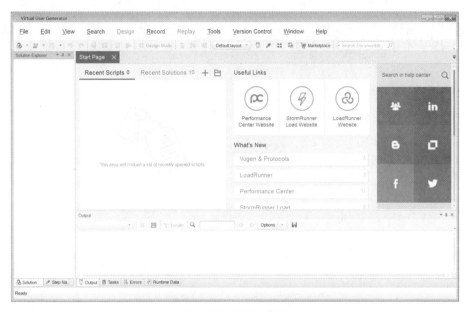

图 4-18　VuGen 首页

在图 4-18 所示界面中单击【File】→【New Script and Solution】创建项目，弹出"Create a New Script"对话框，如图 4-19 所示。

图 4-19　"Create a New Script"对话框

在图 4-19 所示界面中，左侧栏是协议分类，每项含义如下所示。

· Single Protocol：单协议。

· Multiple Protocols：多协议。

· Mobile and IoT：移动与物联网协议。

· Popular：流行的协议。

· Recent：最近使用的协议。

协议的选择要与所测试的项目保持一致，由于 LoadRunner 自带的项目使用的是单协议

Web–HTTP/HTML，因此本次创建脚本选择【Single Protocol】→【Web–HTTP/HTML】。测试人员在选择协议时，如果不清楚项目使用的协议，可以询问开发人员进行确认。

在图 4–19 所示界面中，下半部分定义脚本名称、脚本存储路径、项目名称及项目目标，读者可以自行定义。

图 4–19 所示界面定义完成之后，单击【Create】按钮，项目创建成功，如图 4–20 所示。

图 4–20　项目 WebTours 创建成功

在图 4–20 所示界面中，左侧栏是项目列表，其中最重要的是 Actions 文件部分，VuGen 录制的脚本就存储在 Actions 文件夹下。Actions 文件夹包含 3 个文件：vuser_init、Action、vuser_end，这 3 个文件的含义与作用如下所示。

·vuser_init：该文件中定义了一个 vuser_init() 函数，一般测试前的初始化操作会录制到该函数中，如打开网站、启动客户端之类的操作。

·vuser_end：该文件中定义了一个 vuser_end() 函数，一般测试结束之后的回收工作会录制到该函数中，如退出网站、关闭客户端之类的操作。

·Action：该文件中定义了一个 Action() 函数，测试中的操作过程都会录制到该函数中。

录制完成的脚本如果进行多次迭代执行，那么仅重复执行脚本的 Action 部分，vuser_init 与 vuser_end 部分只执行一次，不会重复执行。类似于一次淘宝购物过程，登录与退出只会执行一次，而购物操作则可以执行多次。

在本次测试中，为了节省篇幅，将整个订票过程都录制到 Action() 函数中。在录制之前需要先进行一些配置，在图 4–20 所示界面中单击红色的录制按钮，弹出 "Start Recording–[WebTours]" 对话框，如图 4–21 所示。

图 4–21 所示界面中有多个配置选项，下面依次从上往下进行介绍。

（1）Record into action：用于设置脚本的存储位置，它有 vuser_init、Action、vuser_end 3 个值，由于本次测试将全部操作过程都录制到 Action 中，因此选择【Action】。

（2）Record：用于选择录制类型，它有 4 个选项值，各个选项值的名称及含义如下。

① Web Browser：浏览器方式。

② Windows Application：Windows 应用程序方式。

③ Remote Application via LoadRunner Proxy：远程程序代理方式。

④ Captured Traffic File Analysis：数据流文件方式。

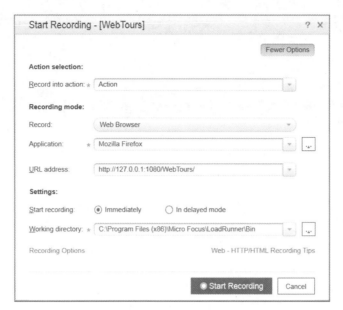

图 4-21　"Start Recording-[WebTours]" 对话框

LoadRunner 自带的测试项目为网站项目，因此这里选择【Web Browser】。

（3）Application：用于选择浏览器。LoadRunner 12.60 支持的浏览器更多，读者可以自由选择，本书选择 FireFox 浏览器。

（4）URL address：用于选择要测试的 Web 项目的 URL 地址，将 LoadRunner 自带项目的网站地址填写到该处即可。

（5）Start recording：用于选择录制方式。"Immediately" 表示立即录制，单击【Start Recording】按钮后就开始录制；"In delayed mode" 表示延迟录制，第一次单击【Start Recording】按钮后会先在浏览器中打开 URL 地址，再次单击该按钮才会录制操作脚本。

（6）Working directory：LoadRunner 的工作目录，可以选择脚本录制的目录。

配置完上述几个选项之后，并不能立即开始录制，还需要配置一些其他选项。单击图 4-21 所示界面中左下角的【Recording Options】链接，弹出 "Recording Options" 对话框，如图 4-22 所示。

在图 4-22 所示界面中，单击【General】→【Recording】选项可以选择录制级别，指定生成脚本时要录制哪些信息以及使用哪些函数。录制级别有两个：HTML-based script 和 URL-based script。

（1）HTML-based script：基于 HTML 的脚本，它将每个 HTML 用户操作生成一个单独的步骤，非常直观。

（2）URL-based script：基于 URL 的脚本，它将所有 HTTP 资源自动录制为 URL 步骤（web_url 语句）。

对于常规浏览器的录制，建议不要使用基于 URL 的脚本模式，因为该模式将所有的操作都录制为 web_url 步骤，而不是 web_link、web_image 等分离的元素，它更容易产生关联问题。但是，对于录制小程序或非浏览器应用程序的页面，URL-based script 最为理想。

本次测试为了使操作步骤直观清晰选择 HTML-based script，在图 4-22 所示对话框中单击【HTML Advanced】按钮，弹出 "Advanced HTML" 对话框，如图 4-23 所示。

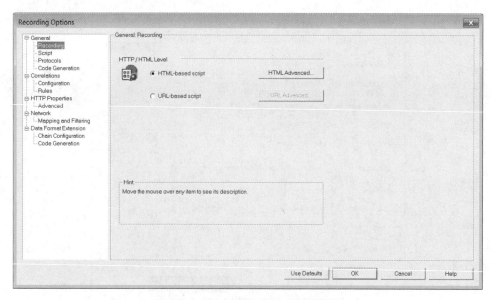

图 4-22　"Recording Options" 对话框

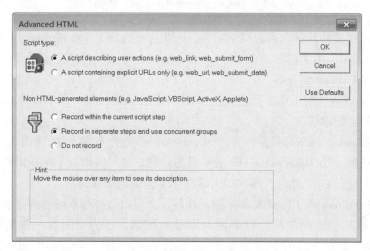

图 4-23　"Advanced HTML" 对话框

在图 4-23 所示界面中设置 Script type（脚本类型）和 Non HTML-generated elements（非 HTML 元素的生成策略）。

Script type 有以下 2 个选项。

（1）A script describing user actions：注重用户操作，记录用户单击的节点。

（2）A script containing explicit URLs only：脚本只包含 URL 步骤。

Non HTML-generated elements 有以下 3 个选项。

（1）Record within the current script step：脚本文件在当前步骤生效。

（2）Record in separate steps and use concurrent groups：脚本文件在当前组内生效。

（3）Do not record：不记录脚本。

按照图 4-23 所示进行勾选，之后单击【OK】按钮完成脚本录制方式设置。

在图 4-22 中单击【HTTP Properties】→【Advanced】选项将编码设置为 UTF-8，如图 4-24 所示。

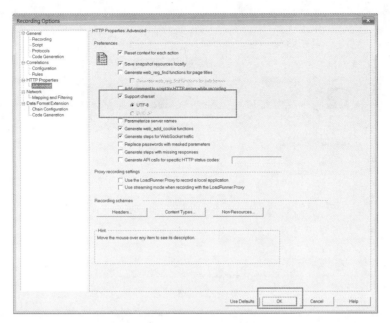

图 4-24 设置 UTF-8 编码

设置完成之后单击【OK】按钮返回到图 4-19 所示页面，此时就完成了录制前的所有选项设置。

2. 录制脚本

在图 4-21 所示界面中，单击【Start Recording】按钮开始录制脚本，有时单击该按钮之后会弹出一个警告框，如图 4-25 所示。

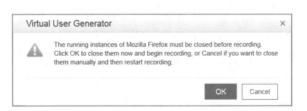

图 4-25 警告框

读者可以忽略该警告，单击【OK】按钮进行录制，录制开始，VuGen 会弹出录制工具栏，如图 4-26 所示。

图 4-26 录制工具栏

弹出录制工具栏之后，VuGen 会调用 FireFox 浏览器打开 WebTours 网站，读者输入默认的用户名和密码进行登录，预订机票之后退出，然后单击录制工具栏中的停止按钮结束录制。录制结束之后会生成一个录制报告，如图 4-27 所示。

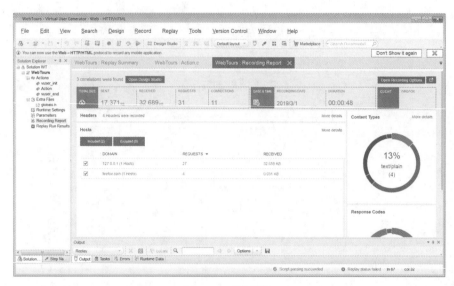

图 4-27   录制报告

录制报告会对录制到的数据进行分析总结，包括录制的日期时间及时长、用户的请求数据流量、服务器应答数据流量、各种类型的数据所占比例等。在图 4-27 所示的报告中可以看出，本次录制时期为 2019 年 3 月 1 日，录制时长为 48 秒，用户的请求流量为 17.371KB，其中 text/plain 类型的数据占 13%。

本次录制生成的脚本存储在 Action.c 文件中，脚本内容如下所示。

```
1  Action()
2  {
3      // 加载指定页面，发送 Get 请求，检查网络环境
4      web_url("success.txt",
5          "URL=http://detectportal.firefox.com/success.txt",
6          "Resource=1",
7          "RecContentType=text/plain",
8          "Referer=",
9          "Snapshot=t1.inf",
10         LAST);
11     // 设置 TLS 版本
12     web_set_sockets_option("SSL_VERSION", "TLS1.2");
13     // 加载指定页面，发送 Get 请求，检察官网络环境
14     web_url("success.txt_2",
15         "URL=http://detectportal.firefox.com/success.txt",
16         "Resource=1",
17         "RecContentType=text/plain",
18         "Referer=",
19         "Snapshot=t2.inf",
20         LAST);
21     // 添加请求报头信息，开启 DNT
22     web_add_auto_header("DNT","1");
23     // 向服务器发送支持 Upgrade-Insecure-Requests 升级机制
24     web_add_auto_header("Upgrade-Insecure-Requests",
25         "1");
26     // 加载指定页面，发送 Get 请求
27     web_url("WebTours",
28         "URL=http://127.0.0.1:1080/WebTours/",
```

```
29        "Resource=0",
30        "RecContentType=text/html",
31        "Referer=",
32        "Snapshot=t3.inf",
33        "Mode=HTML",
34        LAST);
35    // 加载指定页面，发送 Get 请求，检查网络环境
36    web_url("success.txt_3",
37        "URL=http://detectportal.firefox.com/success.txt",
38        "Resource=1",
39        "RecContentType=text/plain",
40        "Referer=",
41        "Snapshot=t4.inf",
42        LAST);
43    // 向服务器发送停止支持 Upgrade-Insecure-Requests 升级机制
44    web_revert_auto_header("Upgrade-Insecure-Requests");
45    // 发送 Post 请求，验证登录信息
46    web_submit_data("login.pl",
47        "Action=http://127.0.0.1:1080/cgi-bin/login.pl",
48        "Method=POST",
49        "RecContentType=text/html",
50        "Referer=http://127.0.0.1:1080/cgi-bin/nav.pl?in=home",
51        "Snapshot=t5.inf",
52        "Mode=HTML",
53        ITEMDATA, // 传输的数据
54        "Name=userSession",
55            "Value=125671.209234508ztztcVcpicfDiHifpcHzQf", ENDITEM,
56        "Name=username", "Value=jojo", ENDITEM,
57        "Name=password", "Value=bean", ENDITEM,
58        "Name=login.x", "Value=61", ENDITEM,
59        "Name=login.y", "Value=10", ENDITEM,
60        "Name=JSFormSubmit", "Value=on", ENDITEM,
61        LAST);
62    // 向服务器发送停止支持 Upgrade-Insecure-Requests 升级机制
63    web_add_auto_header("Upgrade-Insecure-Requests",
64        "1");
65    // 模拟鼠标点击定义的属性图像
66    web_image("Search Flights Button",
67        "Alt=Search Flights Button",
68        "Snapshot=t6.inf",
69        LAST);
70    // 加载指定页面，发送 Get 请求，检查网络环境
71    web_url("success.txt_4",
72        "URL=http://detectportal.firefox.com/success.txt",
73        "Resource=1",
74        "RecContentType=text/plain",
75        "Referer=",
76        "Snapshot=t7.inf",
77        LAST);
78    // 提交数据
79    web_submit_form("reservations.pl",
80        "Snapshot=t8.inf",
81        ITEMDATA, // 传输的数据
82        "Name=depart", "Value=Frankfurt", ENDITEM,
83        "Name=departDate", "Value=03/02/2019", ENDITEM,
```

```
84          "Name=arrive", "Value=San Francisco", ENDITEM,
85          "Name=returnDate", "Value=03/03/2019", ENDITEM,
86          "Name=numPassengers", "Value=1", ENDITEM,
87          "Name=roundtrip", "Value=<OFF>", ENDITEM,
88          "Name=seatPref", "Value=None", ENDITEM,
89          "Name=seatType", "Value=Coach", ENDITEM,
90          LAST);
91      // 提交数据
92      web_submit_form("reservations.pl_2",
93          "Snapshot=t9.inf",
94          ITEMDATA, // 传输的数据
95          "Name=outboundFlight", "Value=160;431;03/02/2019", ENDITEM,
96          "Name=reserveFlights.x", "Value=31", ENDITEM,
97          "Name=reserveFlights.y", "Value=13", ENDITEM,
98          LAST);
99      // 向服务器发送停止支持 Upgrade-Insecure-Requests 升级机制
100     web_revert_auto_header("Upgrade-Insecure-Requests");
101     // 延时时间
102     lr_think_time(6);
103     // 提交缓存 cache 中的数据
104     web_submit_form("reservations.pl_3",
105         "Snapshot=t10.inf",
106         ITEMDATA, // 传输的数据
107         "Name=firstName", "Value=Jojo", ENDITEM,
108         "Name=lastName", "Value=Bean", ENDITEM,
109         "Name=address1", "Value=", ENDITEM,
110         "Name=address2", "Value=", ENDITEM,
111         "Name=pass1", "Value=Jojo Bean", ENDITEM,
112         "Name=creditCard", "Value=", ENDITEM,
113         "Name=expDate", "Value=", ENDITEM,
114         "Name=saveCC", "Value=<OFF>", ENDITEM,
115         LAST);
116     return 0;
117 }
```

上述脚本使用 web_url() 函数加载指定的网页，使用 web_submit_form() 函数提交表单数据。整个脚本可以分为两个部分，4 ~ 44 行代码是初始化部分，45 ~ 115 行代码是登录及机票预订部分，本次测试在退出系统之前就结束了录制，因此没有退出部分的脚本。

3. 脚本回放

录制完成的脚本可以进行回放，单击工具栏中的运行按钮 ▷ 可以让 VuGen 自动执行脚本。脚本执行结果如图 4-28 所示。

至此，使用 VuGen 录制脚本已经完成，并且对脚本进行了回放。需要注意的是，在使用 LoadRunner 进行性能测试时，虽然可以使用 VuGen 自动生成脚本，但它会包含很多"杂质"，有些元素并不是用户需要的。例如在预订机票时，如果网页加载缓慢，用户可能会多次点击某个按钮，这些重复的操作都会被录制到脚本中，这就造成了脚本的冗余。因此在创建脚本时，测试人员最好手动编写，这样可以保证脚本的准确精练。

▌▌ **小提示：脚本回放错误**

由图 4-28 可知，本次录制的脚本有一处错误，错误详细信息如图 4-29 所示。

由图 4-29 可知，错误代码为第 66 行，错误内容为"Requested image not found"（未发现图片）。查看脚本可知第 66 行代码调用 web_image() 函数读取航班搜索按钮对应的图片，图片读取失败则可能是由于网页加载缓慢导致图片未显示出来，对于本次测试来说，该错误可以忽略。

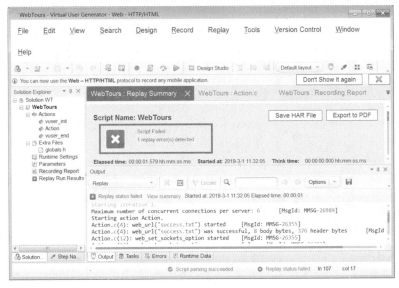

图 4-28 脚本执行结果

图 4-29 错误详细信息

4.6.4 使用 Controller 设计场景

上一节使用 VuGen 录制了一个预订机票的脚本，这一节就使用 Controller 设计一个场景正式开始测试。如果将测试比作一场话剧，脚本相当于演员的剧本，而场景相当于话剧舞台，没有舞台则剧本也就没有意义。使用 Controller 设计场景就是为测试搭建舞台。下面介绍使用 Controller 设计、执行场景的过程。

1. 设计场景

双击打开 Controller 工具，打开之后 Controller 会弹出"New Scenario"对话框用于选择场景类型和脚本，如图 4-30 所示。

在图 4-30 所示界面中，有以下 2 种场景类型可以选择。

（1）Manual Scenario：手动场景，所有的选项都需要用户手动配置，比较灵活，但相对来说也比较复杂。默认的手动场景是为每个脚本分配固定数量的虚拟用户，但如果勾选了下面的复选框，则会只有一个总的虚拟用户数量，按百分比模式在脚本之间分发虚拟用户。

（2）Goal-Oriented Scenario：基于目标的测试场景，在这个场景中，用户只需要输入期望达到的性能目标，LoadRunner 会自动设计场景完成测试。这种方式使用起来比较简单，但是灵活性较差。

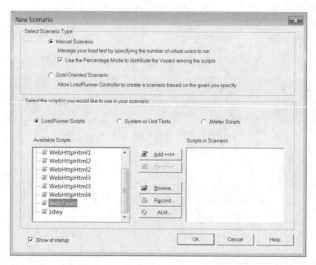

图 4-30　"New Scenario"对话框

注意：

第一次安装使用 Controller 时，需要进行注册获取激活码，通过邮箱激活之后才可使用。

为了让读者更熟练地操作 LoadRunner，本次测试选择手动场景。选择好场景类型之后，在"Available Scripts"栏中选择上一节录制的 WebTours 脚本，单击【Add==>>】按钮添加到场景中，然后单击【OK】按钮进入 Controller 主界面，如图 4-31 所示。

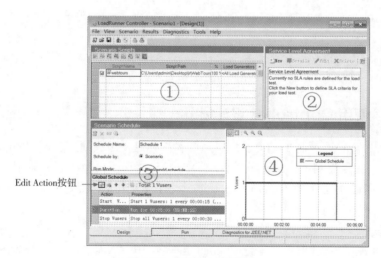

图 4-31　Controller 主界面

Controller 主界面可以分为以下 4 个部分。

第①部分：Scenario Scripts（场景脚本），在这里可以设置要运行的脚本，并按百分比模式将虚拟用户分配给不同的脚本。

第②部分：Service Level Agreement（服务协议），该部分用于展示服务所使用的一些协议。

第③部分：Scenario Schedule（场景计划），这一部分是场景的主要配置部分，虚拟用户的数量及工作方式等都要在这一部分进行设置。

第④部分：这一部分属于 Scenario Schedule，它用于显示方案的总体设计情况。

在设计负载测试场景时，由于只运行 WebTours 一个脚本，将所有虚拟用户都分配给该脚本，因此在 Scenario Scripts 配置中，WebTours 脚本的虚拟用户百分比为 100%。

设置完场景脚本之后还需要设置虚拟用户数量及用户工作方式等，这些场景在第③部分的 Global Schedule 表格中进行设置。

图 4-31 所示的第③部分的第 1 行用于设置虚拟用户的初始化方式。选中第 1 行，单击【Edit Action】按钮会弹出 "用户初始化方式" 对话框，如图 4-32 所示。

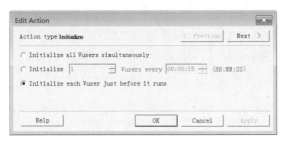

图 4-32　"用户初始化方式" 对话框

在图 4-32 所示界面中，用户的初始化方式有 3 种（3 个单选按钮）。

（1）Initialize all Vusers simultaneously：同时初始化所有用户。

（2）Initialize * Vusers every *(HH:MM:SS)：按时间间隔初始化一定数量的用户。

（3）Initialize each Vuser just before it runs：一个用户一个用户地初始化。

在图 4-32 所示界面中勾选第 3 个单选按钮，即选择一个用户一个用户的初始化方式，选择好之后单击【OK】按钮完成设置。

图 4-31 所示的第③部分的第 2 行用于设置虚拟用户数量及虚拟用户的启动方式。选中第 2 行，单击【Edit Action】按钮会弹出启动虚拟用户对话框；或者在图 4-32 中单击右上角的【Next】按钮，也会弹出 "启动虚拟用户" 对话框，如图 4-33 所示。

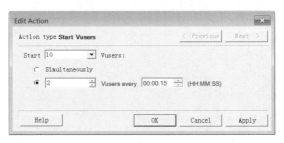

图 4-33　"启动虚拟用户" 对话框

在图 4-33 所示界面中，我们设置了 10 个虚拟用户，用户的工作方式为每隔 15 秒启动 2 个用户工作，设置完成之后单击【OK】按钮。

图 4-31 所示的第③部分的第 3 行用于设置测试运行时间。选中第 3 行，单击【Edit Action】按钮会弹出运行时间设置对话框，如图 4-34 所示。

在图 4-34 所示界面中，测试的运行时间设置有 2 种方式（2 个单选按钮）。

（1）Run until completion：运行直到所有用户工作结束。

（2）Run for * days and *(HH:MM:SS)：设定测试运行时间，如果到指定时间还有用户没有完成工作，依然停止测试。

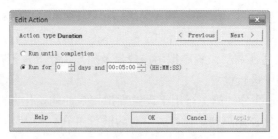

图 4-34 "运行时间设置"对话框

我们设置本次测试时间为 5 分钟，设置完成之后单击【OK】按钮。

图 4-31 所示的第③部分的第 4 行用于设置停止虚拟用户的方式。选中第 4 行，单击【Edit Action】按钮会弹出"停止虚拟用户"对话框，如图 4-35 所示。

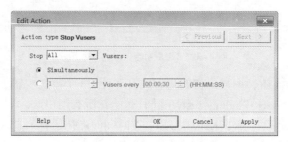

图 4-35 "停止虚拟用户"对话框

在图 4-35 所示界面中，我们设置所有虚拟用户同时停止工作，设置完成后单击【OK】按钮。设置完成之后，在④的位置会显示整个场景设计方案，如图 4-36 所示。

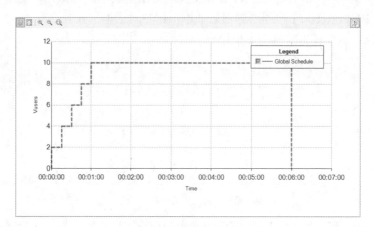

图 4-36 负载场景设计方案

注意：

设置好场景之后，用户可以在菜单栏中单击【Results】→【Results Settings】设置测试结果的保存路径。

2. 场景执行

设计好场景之后，单击图 4-31 所示界面左上角的▷按钮开始执行场景，执行过程如图 4-37 所示。

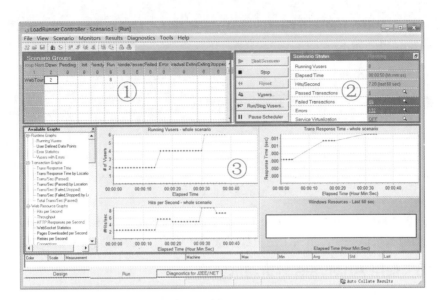

图 4-37　场景执行过程

Controller 的场景执行界面可分为以下 3 部分。

第①部分：场景组，这里可以看到目前有 8 个用户已经开始运行，还有 2 个用户正等待启动。

第②部分：场景运行状态，它显示场景执行的所有信息，包括执行的用户、监控的性能指标、测试运行时间、失败与错误信息等。

第③部分：性能指标，这里显示本次测试要监控的性能指标的变化。由图 4-37 可知，本次负载测试监控了 3 个性能指标：并发用户数、点击率和响应时间。左侧栏还显示了其他更多性能指标，用户可以双击添加想要监控的指标。

在场景设计时，设置了测试运行时间为 5 分钟，当运行了 5 分钟之后，测试就会停止，本次测试结果如图 4-38 所示。

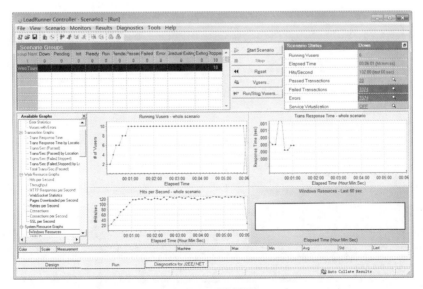

图 4-38　测试结果

由图4-38可简单观察到整个测试的结果，本次测试有错误产生，单击错误提示弹出错误输出，如图4-39所示。

图4-39   错误选项

由图4-39可知，所报错误为"Requested image not found"，即未发现响应图片，这与脚本录制回放时所报错误一样，是由于网页加载缓慢导致图片加载不完全所报的错误。

4.6.5   使用Analysis分析测试结果

使用Controller测试结束之后，单击图4-38所示界面工具栏中的 按钮进行结果分析，分析结果时会弹出一个确认框，如图4-40所示。

图4-40   结果分析确认框

注意：

读者也可以双击Analysis工具，添加测试结果进行分析。

单击图4-40所示界面中的【Yes】按钮，Analysis会生成负载测试结果分析报告，如图4-41所示。

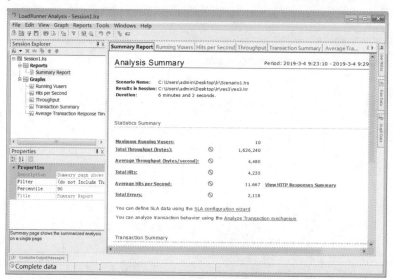

图4-41   负载测试结果分析报告

图 4-41 所示的是一份总的结果分析报告，测试人员在这份报告中可以看到测试场景名称、文件来源、持续时间以及统计结果等信息。此外，还可以在左侧栏的 Graphs（图表）文件夹下选择单独查看某一项指标的结果分析报告，这些结果分析报告以图表的形式展示，更直观清晰。例如查看 Running Vusers（并发用户数）的图表分析，如图 4-42 所示。

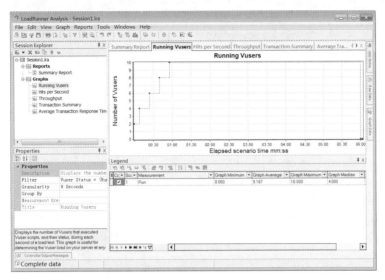

图 4-42　Running Vusers 图表分析

由图 4-42 可知，Running Vusers 的横坐标为时间，纵坐标为用户数，由图表折线走向可以看出每隔 15s 启动 2 个虚拟用户，在 150s 处启动了 10 个虚拟用户，此后一直到测试结束，10 个虚拟用户一直并发执行，测试结束时，拆线垂直下降，表明 10 个虚拟用户是同时结束测试的，这与 Controller 中的场景设计一致，符合预期结果。

除此之外，测试人员还可以在图 4-42 中右键单击【Graphs】→【Add New Item】→【Add New Graph】添加新的图表，如图 4-43 所示。

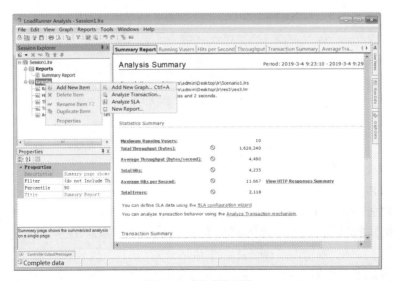

图 4-43　添加新的图表

在图 4-43 所示界面中单击【Add New Graph】选项之后会弹出 "Open a New Graph" 对话框，如图 4-44 所示。

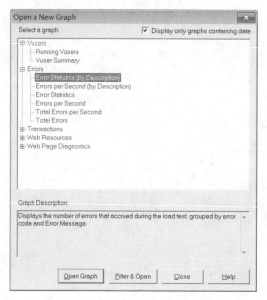

图 4-44 "Open a New Graph" 对话框

在图 4-44 所示界面中选择想要查看的指标，例如，添加 "Error Statistics(by Description)"（错误统计）选项，单击【Filter&Open】按钮，弹出 "Graph Settings" 对话框，如图 4-45 所示。

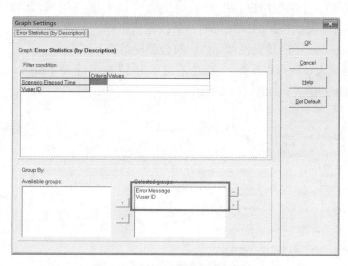

图 4-45 "Graph Settings" 对话框

在图 4-45 所示界面中，可以设置错误过滤条件，"Error Message" 选项可以显示错误的详细信息，如错误提示和错误代码等；"Vuser ID" 可以显示每个用户的错误情况，如每个用户的出错率占总错误的百分比。本次选择以 Error Message 和 Vuser ID 2 个字段过滤错误信息，然后单击【OK】按钮，则错误统计图表如图 4-46 所示。

图 4-46 显示了每个用户的错误百分比，并且由下面表格中的错误信息可知，每个用户的错误都是一样的，错误码都是 27987，报错的代码行都是 Action.c 文件中的第 66 行代码，

错误内容为未发现响应图片。这个错误在 4.6.3 节脚本回放时就已经有提示，其原因是网页加载缓慢导致图片未加载出来。

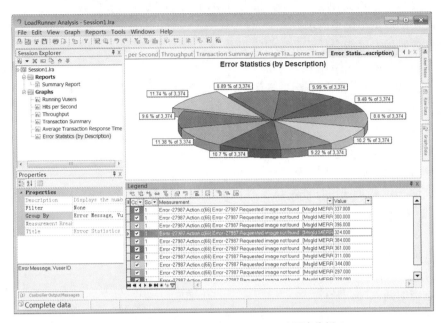

图 4-46　Error Statics(by description) 图表分析

读者可以按照这种方式添加并查看其他的选项指标的结果分析，鉴于篇幅问题，本书不再一一介绍各个选项指标的结果分析。

4.7　本章小结

本章主要讲解了性能测试的相关知识，首先介绍了性能测试的概念、性能测试的指标、性能测试的种类与性能测试流程；然后介绍了性能测试的常用工具 LoadRunner 和 JMeter；最后讲解了使用 LoadRunner 进行网站负载测试的实例。通过本章的学习，读者应当对性能测试有一个整体的认识与了解，并熟悉性能测试工具 LoadRunner 的使用。

4.8　本章习题

一、填空题

1. 吞吐量是指_____内系统能够完成的工作量。

2. TPS 是指系统_____能够处理的事务和交易的数量。

3. _____确定在满足系统性能指标的情况下，系统所能够承受的最大负载量。

4. 点击率是指用户每秒向 Web 服务器提交的_____请求数。

5. _____通常与数据库、系统资源有关，用于规划将来需求增长时，对数据库和系统资源的优化。

6. LoadRunner 工具主要由_____、_____、_____ 3 部分组成。

二、判断题

1. 响应时间是指系统对用户请求做出响应所需要的时间。（   ）

2. 吞吐量的度量单位是请求数 / 秒。（   ）

3. 并发数量增大可能会导致系统响应变慢。（   ）

4. 点击率是 Web 应用特有的一个指标。（   ）

5. 压力测试是给系统加压直至系统崩溃，以此来确定系统最大负载能力。（   ）

6. 峰值测试与压力测试是同一个概念。（   ）

三、单选题

1. 关于性能测试，下列说法中错误的是（   ）。

    A. 软件响应慢属于性能问题

    B. 性能测试就是使用性能测试工具模拟正常、峰值及异常负载状态，对系统的各项
       性能指标进行测试的活动

    C. 性能测试可以发现软件系统的性能瓶颈

    D. 性能测试是以验证功能完整实现为目的

2. 下列选项中，哪一项不是性能测试指标？（   ）

    A. 响应时间   B. TPS

    C. DPH   D. 吞吐量

3. 下列选项中，哪一项是瞬间将系统压力加载到最大的性能测试？（   ）

    A. 压力测试   B. 负载测试

    C. 并发测试   D. 峰值测试

4. 关于性能测试流程，下列说法中错误的是（   ）。

    A. 性能测试比较特殊，它并不遵循一般测试流程

    B. 性能测试需求分析中，测试人员首先要明确测试目标

    C. 在制订性能测试计划时，一个非常重要的任务就是设计场景

    D. 性能测试通常需要对测试过程执行监控

5. 关于 LoadRunner 与 JMeter，下列说法中错误的是（   ）。

    A. LoadRunner 是收费的，JMeter 是开源的

    B. LoadRunner 广泛支持业界标准协议

    C. JMeter 使用监听器记录服务器的响应

    D. JMeter 报表较少，其测试报告不如 LoadRunner 详尽

四、简答题

1. 请简述常用的性能测试指标。

2. 请简述常见的性能测试种类。

3. 请简述 LoadRunner 的组成部分及其作用。

第 5 章

安全测试

★了解安全测试的概念

★熟悉常见的安全漏洞

★了解渗透测试的流程及常见安全测试工具

★熟悉安全测试工具 AppScan 的使用

在 Internet 大众化、Web 技术飞速演变的今天，软件给我们带来便利的同时，也带来了很多安全隐患。例如，2018 年 3 月，美国功能性运动品牌 Under Armour（安德玛）公司的移动应用程序 MyFitnessPal 遭受黑客攻击，导致 1.5 亿账户信息泄露。

软件安全测试是软件测试的重要研究领域，它是保证软件能够安全使用的最主要手段，做好软件安全测试的必要条件有 2 个，一是充分了解软件安全漏洞，二是拥有高效的软件安全测试技术和测试工具。本章将针对安全测试的相关知识进行讲解。

5.1　安全测试概述

5.1.1　什么是安全测试

安全测试是在 IT 软件产品的生命周期中，特别是产品开发基本完成到发布阶段，对产品进行检验以验证产品符合安全需求定义和产品质量标准的过程，可以说，安全测试贯穿于软件的整个生命周期。下面通过一张图描述软件生命周期各个阶段的安全测试，如图 5-1 所示。

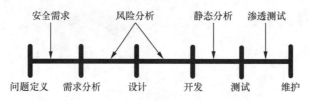

图 5-1　软件生命周期各个阶段的安全测试

图 5-1 中的风险分析、静态分析、渗透测试都属于安全测试的范畴，与前面介绍的普通测试相比，安全测试需要转换视角，改变测试中模拟的对象。下面从以下维度比较常规测试与安全测试的不同。

（1）测试目标不同

普通测试以发现 Bug 为目标；安全测试以发现安全隐患为目标。

（2）假设条件不同

普通测试假设导致问题的数据是用户不小心造成的，接口一般只考虑用户界面；安全测试假设导致问题的数据是攻击者处心积虑构造的，需要考虑所有可能的攻击途径。

（3）思考域不同

普通测试以系统所具有的功能为思考域；安全测试的思考域不但包括系统的功能，还有系统的机制、外部环境、应用和数据自身安全风险与安全属性等。

（4）问题发现模式不同

普通测试以违反功能定义为判断依据；安全测试以违反权限与能力的约束为判断依据。

5.1.2　安全测试的基本原则

软件安全是一个广泛而复杂的主题，完全避免软件安全缺陷问题是不切实际的，但通过安全测试可以发现并修复软件大部分安全缺陷。下面介绍一些安全测试方面的原则，遵循这些原则能够避免安全测试许多常见问题的出现。

1. 培养正确的思维方式

只有跳出常规思维定式才能成功执行安全测试。常规测试只需要覆盖目标软件的正常行为，而安全测试人员则要有创造性思维，创造性思维能够帮助我们站在攻击者角度思考各种无法预期的情况，同时能够帮助我们猜测开发人员是如何开发的，如何绕过程序防护逻辑，以某种不安全的行为模式导致程序失效。

2. 尽早测试和经常测试

安全性缺陷和普通 Bug 没什么区别，越早发现修复成本越低，要做到这一点，最开始的工作就是在软件开发前期对开发和测试团队进行常见安全问题的培训，教他们学会如何检测并修复安全缺陷。虽然新兴的第三方库、工具以及编程语言能够帮助开发人员设计出更安全的程序，但是新的威胁不断出现，开发人员最好能够意识到新产生的安全漏洞对正在开发的软件的影响；测试人员要转变思维方式，从攻击者角度的各个细节测试应用程序，使软件更加安全。

3. 选择正确的测试工具

很多情况下安全测试需要模拟黑客的行为对软件系统发起攻击，以确保软件系统具备稳固的防御能力。模拟黑客行为就要求安全测试人员擅长使用各种工具，如漏洞扫描工具、模拟数据流行为的前后台相关工具、数据包抓取工具等。现在市面上提供了很多安全扫描器或者应用防火墙工具可以自动完成许多日常安全任务，但是这些工具并不是万能的。作为测试人员，准确了解这些工具能做什么，不能做什么是非常重要的，切不可过分夸大或者不当使用测试工具。

4. 可能情况下使用源代码

测试大体上分为黑盒测试和白盒测试两种。黑盒测试一般使用渗透方法，这种方法带有明显的黑盒测试本身的不足，需要大量测试用例进行覆盖，且测试完成后仍无法确定软件是否存在风险。现在，白盒测试中源代码扫描成为一种越来越流行的技术，使用源代码扫描工具对软件进行代码扫描，一方面可以找出潜在的风险，从内对软件进行检测，提高代码的安全性；另一方面也可以进一步提高代码的质量。黑盒的渗透测试和白盒的源代码扫描内外结合，可以使软件的安全性得到极大程度的提高。

5. 测试结果文档化

测试总结的时候，明智且有效的做法是将测试行动和结果清晰准确地记录在文档中，产生一份测试报告。该报告最好包括漏洞类型、问题引起的安全威胁及严重程度、用于发现问题的测试技术、漏洞的修复、漏洞风险等。一份好的测试报告应该帮助开发人员准确定位软件安全漏洞，从而有效进行漏洞修补，使软件更安全可靠。

5.2　常见的安全漏洞

5.2.1　SQL 注入

所谓 SQL 注入就是把 SQL 命令人为地输入 URL、表格域或者其他动态生成的 SQL 查询语句的输入参数中，最终达到欺骗服务器执行恶意的 SQL 命令。

假设某个网站通过网页获取用户输入的数据，并将其插入数据库。正常情况下的 URL 地址如下。

```
http://localhost/id=222
```

此时，用户输入的 id 数据 222 会被插入数据库执行下列 SQL 语句。

```
select * from users where id = 222
```

但是，如果我们不对用户输入数据进行过滤处理，那么可能发生 SQL 注入。例如，用户可能输入下列 URL。

```
http://localhost/id=''or 1=1
```

此时用户输入的数据插入到数据库后执行的 SQL 语句如下。

```
select * from users where id = '' or '1'='1'
```

通过比较两个 SQL 语句，发现这两条 SQL 查询语句意义完全不同，正常情况下，SQL 语句可以查询出指定 id 的用户信息，但是 SQL 注入后查询的结果是所有用户信息。

SQL 注入是风险非常高的安全漏洞，我们可以在应用程序中对用户输入的数据进行合法性检测，包括用户输入数据的类型和长度，同时，对 SQL 语句中的特殊字符（如单引号、双引号、分号等）进行过滤处理。

值得一提的是，由于 SQL 注入攻击的 Web 应用程序处于应用层，因此大多防火墙不会进行拦截。除了完善应用代码外，还可以在数据库服务器端进行防御，对数据库服务器进行权限设置，降低 Web 程序连接数据库的权限，撤销不必要的公共许可，使用强大的加密技术保护敏感数据，并对被读取走的敏感数据进行审查跟踪等。

5.2.2　XSS 跨站脚本攻击

XSS（Cross Site Scripting）是 Web 应用系统最常见的安全漏洞之一，它主要源于 Web 应用程序对用户输入检查和过滤不足。攻击者可以利用 XSS 漏洞把恶意代码（HTML 代码或 JavaScript 脚本）注入网站中，当有用户浏览该网站时，这些恶意代码就会被执行，从而达到攻击的目的。

通常，在 XSS 攻击中，攻击者会通过邮件或其他方式诱使用户点击包含恶意代码的链接，例如攻击者通过 E-mail 向用户发送一个包含恶意代码的网站 home.com，用户点击链接后，浏览器会在用户毫不知情的情况下执行链接中包含的恶意代码，将用户与 home.com 交互的 Cookie 和 Session 等信息发送给攻击者，攻击者拿到这些数据之后，就会伪装成用户与真正的网站进行会话，从事非法活动，其过程如图 5-2 所示。

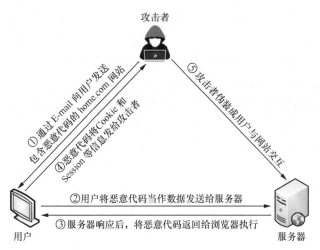

图 5-2　XSS 攻击过程

对于 XSS 漏洞，最核心的防御措施就是对用户的输入进行检查和过滤，包括 URL、查询关键字、HTTP 头、POST 数据等，仅接受指定长度范围、格式适当、符合预期的内容，对其他不符合预期的内容一律进行过滤。除此之外，当向 HTML 标签或属性中插入不可信数据时，要对这些数据进行相应的编码处理。将重要的 Cookie 标记为 http only，这样 JavaScript 脚本就不能访问这个 Cookie，避免了攻击者利用 JavaScript 脚本获取 Cookie。

小提示：XSS命名

XSS 全拼为 Cross Site Scripting，意为跨站脚本，其缩写原本为 CSS，但这与 HTML 中的层叠样式表（Cascading Style Sheets）缩写重名了，为了区分就将跨站脚本改为了 XSS。

5.2.3　CSRF 攻击

CSRF（Cross-Site Request Forgery）为跨站请求伪造，它是一种针对 Web 应用程序的攻击方式，攻击者利用 CSRF 漏洞伪装成受信任用户的请求访问受攻击的网站。在 CSRF 攻击中，当用户访问一个信任网站时，在没有退出会话的情况下，攻击者诱使用户点击恶意网站，恶意网站会返回攻击代码，同时要求访问信任网站，这样用户就在不知情的情况下将恶意网站的代码发送到了信任网站，其过程如图 5-3 所示。

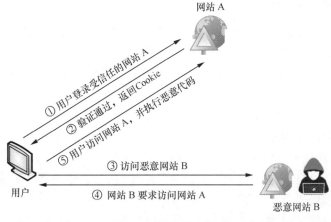

图 5-3　CSRF 攻击过程

CSRF 的攻击过程与 XSS 攻击过程类似，不同之处在于，XSS 是盗取用户信息伪装成用户执行恶意活动，而 CSRF 则是通过用户向网站发起攻击。如果将 XSS 攻击过程比喻为小偷偷取了用户的身份证去办理非法业务，那 CSRF 攻击则是骗子"劫持"了用户，让用户自己去办理非法业务，以达到自己的目的。

CSRF 漏洞产生的原因主要是对用户请求缺少更安全的验证机制。防范 CSRF 漏洞的主要思路就是加强后台对用户及用户请求的验证，而不能仅限于 Cookie 的识别。例如，使用 HTTP 请求头中的 Referer 对网站来源进行身份校验，添加基于当前用户身份的 token 验证，在请求数据提交前，使用验证码填写方式验证用户来源，防止未授权的恶意操作。

▌ 小提示：Referer

HTTP Referer 是请求头的一部分，代表网页的来源（上一页的地址），当浏览器向 Web 服务器发送请求的时候，一般会带上 Referer，告诉服务器此次访问是从哪个页面链接过来的，服务器由此可以获得一些信息用于处理。

▌ 多学一招：WASC和OWASP

WASC 是 Web Application Security Consortium（Web 应用程序安全组织）的缩写，它是一个由安全专家、行业顾问和诸多组织的代表组成的国际团体。该组织的主要职责之一就是将 Web 应用所受到的威胁、攻击进行说明并归纳成具有共同特征的分类，为 Web 应用程序制定广为接受的应用安全标准。

OWASP 是 Open Web Application Security Project（开放式 Web 应用程序安全项目）的缩写，该组织致力于发现和解决不安全 Web 应用的根本原因，它最重要的项目之一就是总结当前 Web 应用程序最常见的攻击手段，并且按照攻击发生的概率进行排序更新。

WASC 和 OWASP 在呼吁企业加强应用程序安全防范意识和指导企业开发安全的 Web 应用方面，起到了重要的作用。

5.3   渗透测试

5.3.1   什么是渗透测试

5.2 节介绍的安全漏洞都属于 Web 应用漏洞，这些 Web 漏洞可以通过渗透测试验证。渗透测试是利用模拟黑客攻击的方式，评估计算机网络系统安全性能的一种方法。这个过程是站在攻击者角度对系统的任何弱点、技术缺陷或漏洞进行主动分析，并且有条件地主动利用安全漏洞。

渗透测试并没有严格的分类方法，即使在软件开发生命周期中，也包含了渗透测试的环节，但是根据实际应用，普遍认为渗透测试分为黑盒测试、白盒测试 2 类，其中黑盒测试中，渗透者完全处于对系统一无所知的状态，而白盒测试与黑盒测试恰恰相反，渗透者在完全了解程序结构的情况下进行测试。但是不管采用哪种测试方法，渗透测试都具有以下特点。

（1）渗透测试是一个渐进的并且逐步深入的过程。

（2）渗透测试是选择不影响业务系统正常运行的攻击方法进行的测试。

5.3.2　渗透测试的流程

渗透测试遵循软件测试的基本流程，但由于其测试过程与目标的特殊性，在具体实现步骤上，渗透测试与常规软件测试并不相同。渗透测试流程主要包括 8 个步骤，如图 5-4 所示。

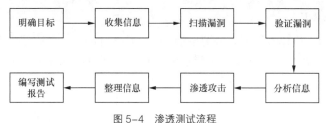

图 5-4　渗透测试流程

下面结合图 5-4 介绍每一个步骤所要完成的任务。

（1）明确目标

当测试人员拿到需要做渗透测试的项目时，首先确定测试需求，如测试是针对业务逻辑漏洞，还是针对人员管理权限漏洞等；然后确定客户要求渗透测试的范围，如 IP 段、域名、整站渗透或者部分模块渗透等；最后确定渗透测试规则，如能够渗透到什么程度，是确定漏洞为止还是继续利用漏洞进行更进一步的测试，是否允许破坏数据，是否能够提升权限等。

在这一阶段，测试人员主要是对测试项目有一个整体明确的了解，方便测试计划的制订。

（2）收集信息

在信息收集阶段要尽量收集关于项目软件的各种信息。例如，对于一个 Web 应用程序，要收集脚本类型、服务器类型、数据库类型以及项目所用到的框架、开源软件等。信息收集对于渗透测试来说非常重要，只有掌握目标程序足够多的信息，才能更好地进行漏洞检测。

信息收集的方式可分为以下 2 种。

① 主动收集：通过直接访问、扫描网站等方式收集想要的信息，这种方式可以收集的信息比较多，但是访问者的操作行为会被目标主机记录。

② 被动收集：利用第三方服务对目标进行了解，如上网搜索相关信息。这种方式获取的信息相对较少且不够直接，但目标主机不会发现测试人员的行为。

（3）扫描漏洞

在这一阶段，综合分析收集到的信息，借助扫描工具对目标程序进行扫描，查找存在的安全漏洞。

（4）验证漏洞

在扫描漏洞阶段，测试人员会得到很多关于目标程序的安全漏洞，但这些漏洞有误报，需要测试人员结合实际情况，搭建模拟测试环境对这些安全漏洞进行验证。被确认的安全漏洞才能被利用执行攻击。

（5）分析信息

经过验证的安全漏洞就可以被利用起来向目标程序发起攻击，但是不同的安全漏洞，攻击机制并不相同，针对不同的安全漏洞需要进一步分析，包括安全漏洞原理、可利用的工具、目标程序检测机制、攻击是否可以绕过防火墙等，制订一个详细精密的攻击计划，这样才能保证测试顺利执行。

（6）渗透攻击

渗透攻击就是对目标程序发起真正的攻击，达到测试目的，如获取用户账号密码、截取目标程序传输的数据、控制目标主机等。一般渗透测试是一次性测试，攻击完成之后要执行清理工作，删除系统日志、程序日志等，擦除进入系统的痕迹。

（7）整理信息

渗透攻击完成之后，整理攻击所获得的信息，为后面编写测试报告提供依据。

（8）编写测试报告

测试完成之后要编写测试报告，阐述项目安全测试目标、信息收集方式、漏洞扫描工具以及漏洞情况、攻击计划、实际攻击结果、测试过程中遇到的问题等。此外，还要对目标程序存在的漏洞进行分析，提供安全有效的解决办法。

5.4　常见的安全测试工具

安全测试是一个非常复杂的过程，测试所使用到的工具也非常多，而且种类不一，如漏洞扫描工具、端口扫描工具、抓包工具、渗透工具等。下面介绍几个常用的安全测试工具。

1. Web 漏洞扫描工具——AppScan

AppScan 是 IBM 公司开发的一款 Web 应用安全测试工具，它采用黑盒测试方式，可以扫描常见的 Web 应用安全漏洞。

AppScan 的扫描过程分为以下 3 个步骤。

（1）探测：在探测阶段，AppScan 通过发送请求对站内的链接、表单等进行访问，根据响应信息检测目标程序可能存在的安全隐患，从而确定安全漏洞范围。

（2）测试：在测试阶段，AppScan 对潜在的安全漏洞发起攻击。AppScan 有一个内置的测试策略库，测试策略库可以针对相应的安全隐患检测规则生成对应的测试输入，AppScan 就使用生成的测试输入对安全漏洞发起攻击。

（3）扫描：在扫描阶段，AppScan 会检测目标程序对攻击的响应结果，并根据结果来确定探测到的安全漏洞是否是一个真正的安全漏洞，如果是一个真正的安全漏洞则根据其危险程度确定危险级别，为开发人员修复缺陷提供依据。

AppScan 功能十分齐全，支持登录功能并且拥有十分强大的报表。扫描结果会记录扫描到的漏洞的详细信息，包括详尽的漏洞原理、修改建议、手动验证等功能。

2. 端口扫描工具——Nmap

Nmap 是一个网络连接端口扫描工具，用来扫描网上计算机开放的网络连接端口，确定服务运行的端口，并且推断计算机运行的操作系统。它是网络管理员用以评估网络系统安全的必备工具之一。

Nmap 具体功能如下。

·主机扫描：用于发现目标主机是否处于活动状态。Nmap 提供了多种主机在线检测机制，可以更有效地辨识主机是否在线。

·端口状态扫描：Nmap 可以扫描端口，并将端口识别为开放、关闭、过滤、未过滤、开放或过滤、关闭或过滤 6 种状态。默认情况下，Nmap 可以扫描 1 660 个常用的端口，覆盖大多数应用程序使用的端口。

·应用程序版本探测：Nmap 可以扫描到占用端口的应用程序，并识别应用程序版本和使用的协议等。Nmap 可以识别数千种应用的签名，检测数百种应用协议。对于不识别的应用，默认打印应用的指纹。

·操作系统探测：Nmap 可以识别目标主机的操作系统类型、版本编号及设备类型。它支持 1 500 个操作系统或设备的指纹数据库，可以识别通用 PC 系统、路由器、交换机等设备类型。

·防火墙 /IDS 逃避和欺骗：Nmap 可以探查目标主机的状况，如 IP 欺骗、IP 伪装、MAC 地址伪装等。

·支持测试对象交互脚本：交互脚本用于增强主机发现、端口扫描、版本侦测和操作系统侦测等功能，还可扩展高级的功能，如 Web 扫描、漏洞发现和漏洞利用等。

3. 抓包工具——Fiddler

Fiddler 是一个 HTTP 协议调试代理工具，它以代理 Web 服务器形式工作，帮助用户记录计算机和 Internet 之间传递的所有 HTTP（HTTPS）流量，其工作原理如图 5-5 所示。

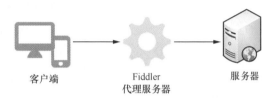

图 5-5　Fiddler 工作原理图

Fiddler 可以捕获来自本地运行程序的所有流量，从而记录服务器到服务器、设备到服务器之间的流量。此外，Fiddler 还支持各种过滤器，如"隐藏会话""突出特殊流量""在会话上操纵断点""阻止发送流量"等，这些过滤器可以过滤出用户想要的流量数据，节省大量时间和精力。

相比于其他抓包工具，Fiddler 小巧易用，且功能完善，它支持将捕获的流量数据存档，以供后续分析使用。

4. Web 渗透测试工具——Metasploit

Metasploit 是一个渗透测试平台，能够查找、验证漏洞，并利用漏洞进行渗透攻击。它是一个开源项目，提供基础架构、内容和工具来执行渗透测试和广泛的安全审计。对于渗透攻击，Metasploit 主要提供了以下功能模块。

（1）渗透模块（Exploit）：运行时会利用目标的安全漏洞进行攻击。

（2）攻击载荷模块（Payload）：在成功对目标完成一次渗透之后，测试程序开始在目标计算机上运行。它能帮助用户在目标系统上获得需要的访问和行动权限。

（3）辅助模块（Auxiliary）：包含了一系列的辅助支持模块，包括扫描模块、漏洞发掘模块、网络协议欺骗模块。

（4）编码器模块（Encoder）：编码器模块通常用来对我们的攻击模块进行代码混淆，逃过目标安全保护机制的检测，如杀毒软件和防火墙等。

（5）Meterpreter：使用内存技术的攻击载荷，可以注入进程之中。它提供了各种可以在目标上执行的功能。

Metasploit 是一个多用户协作工具，可让用户与渗透测试团队的成员共享任务和信息。借助团队协作功能，用户可以将渗透测试划分为多个部分，为成员分配特定的网段进行测试，并让成员充分发挥他们可能拥有的任何专业知识。团队成员可以共享主机数据，查看收集的证据以及创建主机备注以共享有关特定目标的知识。最终，Metasploit 可帮助用户确定利用目标的最薄弱点，并证明存在漏洞或安全问题。

> **小提示：Kali Linux**
>
> Kali Linux 是一个基于 Debian 的 Linux 发行版，可以运行在多种平台，是专门用于渗透测试和安全测试的系统。其中预装了 600 多种工具，如渗透测试工具、安全测试工具、逆向工程等。

5.5　实例：测试传智播客图书库的安全性

前面几节讲解了安全测试的基础知识与常用的漏洞扫描工具，本节就使用安全漏洞扫描工具扫描一个 Web 网站，通过该案例来加深读者对安全测试的理解并让读者掌握扫描工具的使用。在本案例中，使用的安全漏洞扫描工具为 AppScan，Web 网站为传智播客图书库。读者也可以选择其他扫描工具与应用程序进行安全测试，扫描工具的使用方式大同小异，学会了一种工具的使用方法，其他工具的使用也相应会变得简单。

5.5.1　AppScan 安装

AppScan 是由 IBM 开发维护的工具，读者可登录官网下载最新的 AppScan 版本。在下载之前需要进行注册，注册页面如图 5-6 所示。

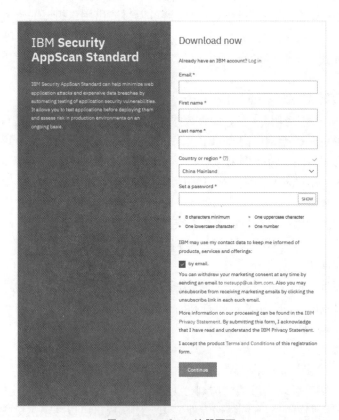

图 5-6　AppScan 注册页面

读者在图 5-6 所示的页面进行注册之后就可以下载了。

注意：

由于 AppScan 是收费的，不购买无法使用，读者可以下载试用版本，但试用版本只能扫描 AppScan 指定的网站。

AppScan 的版本较多，本书选择下载的版本为 IBM Security AppScan Standard V9.0.3.12，下载完成之后，双击打开安装程序，弹出语言选择对话框，如图 5-7 所示。

在图 5-7 所示界面中，选择【中文（简体）】，单击【确定】按钮，弹出安装项目对话框，如图 5-8 所示。

图 5-7　"语言选择"对话框　　　　　　　　　　图 5-8　"安装项目"对话框

在图 5-8 所示界面中，单击【安装】按钮，开始安装。需要注意的是，这个安装过程并不是真正安装 AppScan，而是安装 AppScan 的依赖软件，安装过程如图 5-9 所示。

安装结束之后，弹出"软件许可协议"对话框，如图 5-10 所示。

图 5-9　安装 AppScan 所需项目　　　　　　　　图 5-10　件许可协议对话框

在图 5-10 所示界面中，勾选【我接受许可协议中的全部条款】选项，单击【下一步】按钮，弹出安装路径对话框，如图 5-11 所示。

在图 5-11 所示界面中，单击【更改】按钮可以选择安装路径。选择完毕之后，单击【安装】按钮，系统开始安装 AppScan，如图 5-12 所示。

图 5-11　安装路径

图 5-12　正在安装 AppScan

安装完成之后，系统会弹出一个提示框，询问是否安装 Web services 附加组件，如图 5-13 所示。

图 5-13　附加组件安装提示框

由于本书所演示的案例是扫描一个 Web 应用程序，不需要 Web services 组件，因此本书选择单击【否】按钮。单击之后弹出安装完成对话框，如图 5-14 所示。

图 5-14　安装完成

在图 5-14 所示界面中，单击【完成】按钮即可。至此，AppScan 软件安装完成。

5.5.2　扫描传智播客图书库的安全漏洞

首次打开 AppScan，系统会弹出一个使用向导，如图 5-15 所示。

图 5-15　AppScan 使用向导

在图 5-15 所示界面中，用户可以单击观看 AppScan 使用视频教程、阅读入门 PDF、下载 AppScan 扩展，也可以在这里新建扫描项目。如果不想再弹出该对话框，可以取消勾选左下角的【启动 AppScan 时显示该屏幕】选项。

关闭使用向导之后，显示 AppScan 主界面，如图 5-16 所示。

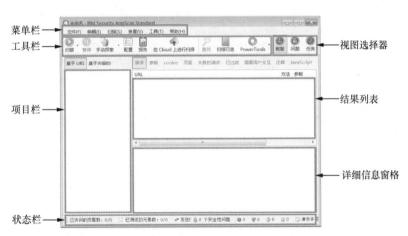

图 5-16　AppScan 主界面

在图 5-16 所示界面中，最重要的是视图选择器，视图选择器包含数据、问题、任务 3 个选项。

（1）数据：用于显示扫描的目录、URL、结果信息，图 5-16 所示界面就是数据选项界面。

（2）问题：用于显示扫描到的安全漏洞并按严重级别排序，还会显示关于安全漏洞的详细信息。

（3）任务：用于显示本次扫描结果中需要解决的任务。

下面以扫描传智播客图书库为例来演示 AppScan 的使用，并在案例中讲解 AppScan 各部分的功能与作用。

（1）在菜单栏中单击【文件】→【新建】，弹出"新建扫描"对话框，如图 5-17 所示。

图 5-17 "新建扫描"对话框

（2）在图 5-17 所示界面中，有一些预定义的扫描模板，如常规扫描、快速且简便的扫描、基于参数的导航等，用户也可以自己编写扫描模板。

单击【常规扫描】后弹出"扫描配置向导"对话框，如图 5-18 所示。

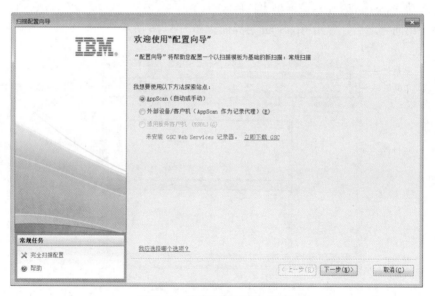

图 5-18 "扫描配置向导"对话框

（3）在图 5-18 所示界面中，选择探索站点的方法，由于本案例是在本机上扫描 Web 应用程序，因此选择【AppScan(自动或手动)】选项。

选择完毕之后，单击【下一步】按钮，进入 URL 配置页面，如图 5-19 所示。

（4）在图 5-19 所示界面中的"从该 URL 启动扫描"输入框中输入传智播客图书库地址，选择扫描方式，本书扫描方式有以下 2 种。

① 仅扫描此目录中或目录下的链接：只扫描起始 URL 目录或者子目录中的链接。

② 将所有路径作为区分大小写来处理（UNIX、Linux 等）：扫描所有路径，并且区分大小写进行扫描。

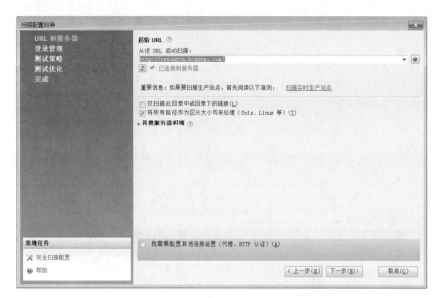

图 5-19　URL 配置

其他服务器和域是指如果扫描的时候需要顺便扫描其他服务器或域，则在该选项下添加对应路径。

本案例要对传智播客图书库进行全面扫描，因此勾选第 2 个选项，单击【下一步】按钮，进入登录管理页面，如图 5-20 所示。

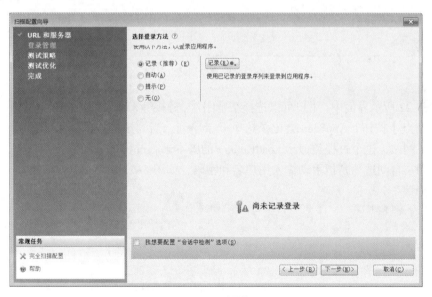

图 5-20　登录管理

（5）对于大部网站来说，登录之后才可以查看更多内容，未登录情况下只能访问部分页面。使用 AppScan 进行扫描也需要先登录网站。登录 AppScan 网站的选择有 4 种：记录、自动、提示、无，最常用的是记录和自动。

①记录：单击【记录】按钮，选择下拉列表中的任一浏览器，如图 5-21 所示。

选择之后，进入传智播客图书库网站，如图 5-22 所示。

图 5-21　单击【记录●】按钮

图 5-22　登录到站点

在图 5-22 所示界面中，用户可以选择某个图片、链接等，到达一定的场景，然后单击【我已登录到站点】按钮，AppScan 会记录这个登录序列。当到达同样的场景时，AppScan 就默认是登录了网站，这个过程类似于 LoadRunner 的脚本录制过程。

②自动：自动选项是指手动输入用户名和密码，如图 5-23 所示。

○记录（推荐）(E)	使用以下凭证自动登录应用程序：
◉自动(A)	用户名：
○提示(P)	密码：
○无(0)	确认密码：

图 5-23　手动输入用户名和密码

由于传智播客图书库不需要登录，因此在这里选择【无】选项，选择完毕之后，单击【下一步】按钮，进入测试策略选择界面，如图 5-24 所示。

（6）在图 5-24 所示界面中可以选择测试策略，AppScan 预定义了多种测试策略，每种测试策略在右侧栏中都会有相应解释，读者可以自行点击查看。本案例选择"缺省值"测试策略，该测试策略包含所有测试，但侵入式和端口侦听器测试除外。选择完毕，单击【下一步】按钮，进入测试优化界面，如图 5-25 所示。

图 5-24　测试策略

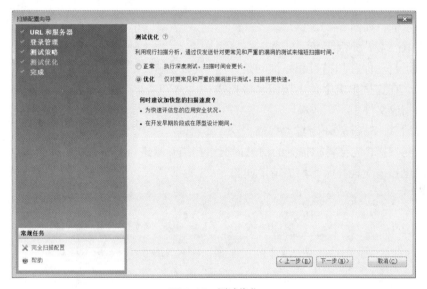

图 5-25　测试优化

（7）在图 5-25 所示界面中，用户可以选择优化方式，正常扫描会执行深度全面的测试，扫描时间会比较长；优化扫描则针对比较常见的严重漏洞进行测试，扫描更快速。为了缩短扫描时间，这里选择优化方式进行扫描。选择完毕之后，单击【下一步】按钮，进入完成扫描配置向导界面，如图 5-26 所示。

（8）由图 5-26 可知，扫描启动方式有以下 4 种。

·启动全面自动扫描：AppScan 根据之前的配置自动探索应用程序，且边探索边扫描页面。

·仅使用自动"探索"启动：AppScan 自动探索应用程序，但不做扫描，即不发送攻击。

·使用"手动探索"启动：手动访问应用程序，AppScan 会记录用户访问的页面。

·我将稍后启动扫描：AppScan 不做任何操作，需要用户自己手动启动扫描。

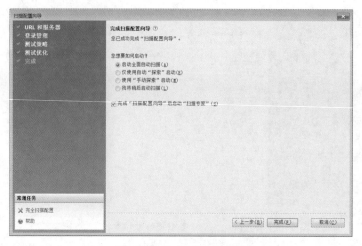

图 5-26　完成扫描配置向导

本案例选择【启动全面自动扫描】选项。接下来勾选【完成"扫描配置向导"后启动"扫描专家"】选项，扫描专家会先大致探索一遍要扫描的网站，提出建议以更好地扫描网站。选择完毕之后，单击【完成】按钮，弹出自动保存扫描提示框，如图 5-27 所示。

（9）在图 5-27 所示界面中，AppScan 提示已经设置了自动保存扫描过程，询问是否需要保存扫描，在这里单击【是】按钮，将扫描过程保存到相应文件中。

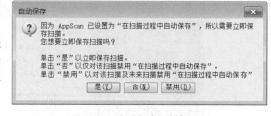

图 5-27　自动保存扫描提示框

保存之后 AppScan 就开始自动扫描，这个过程只是探测扫描，它会将扫描到的信息提交给扫描专家进行分析，获得关于该网站的信息，帮助用户优化扫描配置。探测扫描结果如图 5-28 所示。

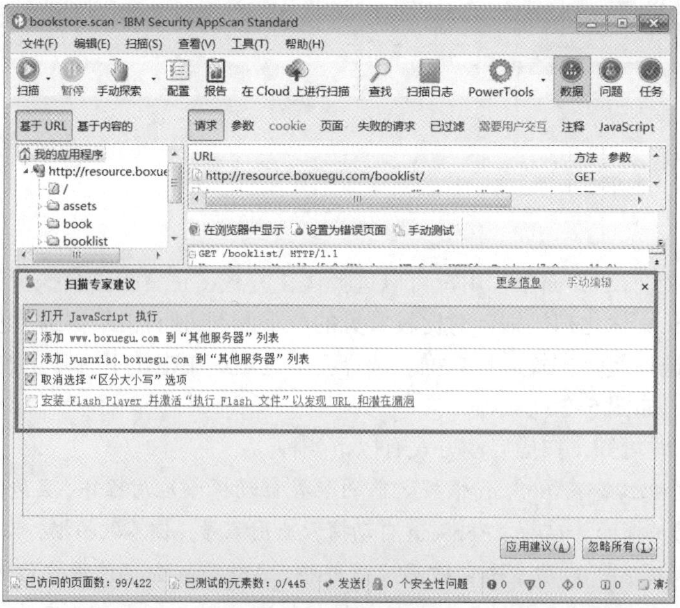

图 5-28　探测扫描结果

（10）由图 5-28 可知，在探测扫描过程中，扫描专家提出了几条建议。经过分析确认前 4 条为可执行建议，勾选前 4 条建议，单击【应用建议】按钮，开始真正的扫描，如图 5-29 所示。

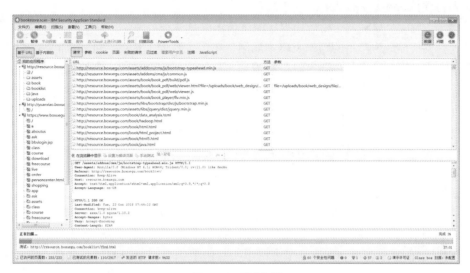

图 5-29　正式扫描

（11）图 5-29 所示的扫描过程时间比较长，会持续 2 ~ 3 个小时。在扫描过程中，如果发现安全问题，AppScan 会实时显示在 AppScan 主窗口中，用户可以切换视图选择器查看。扫描结束，AppScan 会生成一份详细的扫描报告，如图 5-30 所示。

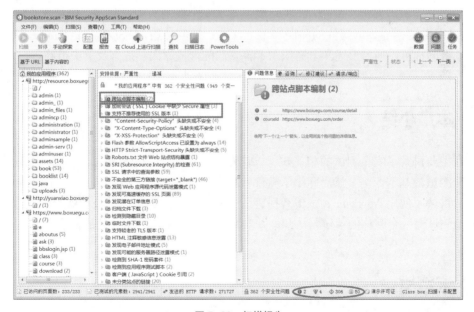

图 5-30　扫描报告

由图 5-30 可知，此次扫描发现 2 个高级别的安全漏洞，4 个中级别的安全漏洞，306 个低级别的安全漏洞。其中，2 个高级别安全漏洞为跨站点脚本漏洞。

关于安全漏洞的分析，在视图选择器的"问题"选项最右侧提供了以下 4 个选项卡。

① 问题信息：显示安全漏洞所在的点。

② 咨询：显示安全漏洞形成的原因、技术描述、可能导致的危害以及利用该漏洞进行攻击的例子。

③ 修订建议：显示安全漏洞的解决策略。

④ 请求／响应：显示发送给应用程序测试请求的具体细节。

对于本次扫描最为严重的跨站点脚本漏洞，单击【咨询】选项卡可知该问题产生的原因是没有正确地对用户输入的危险字符进行清理。该漏洞可能会使攻击者窃取或操纵客户会话和 Cookie，它们可能用于假冒合法用户，从而使黑客能够以该用户身份查看或变更用户记录以及执行事务。

针对跨站点脚本安全漏洞，可以通过以下几种方式予以解决。

① 使用经过审查的库或框架，如微软公司的反 XSS 库、OWASP ESAPI 编码模块、Apache Wicket 等，这些库和框架更容易生成正确编码的输出，不允许出现这种漏洞或提供更容易避免这种漏洞的结构。

② 在不同组件之间传输数据时，了解数据应用的上下文环境及预期使用的编码。

③ 了解软件不可信输入的所有潜在区域，包括参数、Cookie、从网络读取的任何内容、环境变量、反向 DNS 查找、查询结果、请求头、URL 组件、电子邮件、文件、文件名、数据库等，尽量减少攻击面。

④ 对输入进行验证，使用输入验证策略严格控制输入规范，拒绝不符合规范的所有输入，或者将其转换为符合规范的输入。

除了上述几种方式，读者还可以通过单击【修订建议】选项卡了解更多关于该漏洞的解决策略。

除了跨站点脚本漏洞，AppScan 还发现了 4 个安全级别为中的漏洞，包括 3 个加密会话（ssL）Cookie 中缺少 Secure 属性的漏洞和 1 个支持不推荐使用的 SSL 版本的漏洞，对于这些漏洞，读者同样可以通过上述 4 个选项卡了解漏洞的形成原因、危害及解决措施等。

5.6　本章小结

本章主要讲解了安全测试的相关知识，首先介绍了安全测试的概念、与常规测试的区别以及安全测试的基本原则；然后介绍了软件常见的安全漏洞、渗透测试及常用的安全测试工具；最后讲解了使用 AppScan 测试传智播客图书库安全性的实例。通过本章的学习，读者应当对安全测试有一个整体的了解与认知，并熟悉安全测试工具 AppScan 的使用。

5.7　本章习题

一、填空题

1.安全测试以发现_____为目标。

2.SQL 注入攻击的 Web 应用程序处于_____，因此大多防火墙不会进行拦截。

3. 利用 XSS 攻击的恶意代码一般包括_____和_____。

二、判断题

1. 安全测试贯穿于软件的整个生命周期。（ ）

2. 安全测试以违反权限与能力的约束为判断依据。（ ）

3. 对 XSS 漏洞，最核心的防御措施就是对用户的输入进行检查和过滤。（ ）

4. CSRF 漏洞的攻击过程与 XSS 漏洞攻击相同。（ ）

5. 渗透测试主要是扫描软件安全漏洞。（ ）

三、单选题

1. 关于安全测试，下列说法中错误的是（ ）。

   A. 安全测试主要是验证产品是否符合安全需求定义和产品质量标准

   B. 风险分析也属于安全测试的一种

   C. 与功能、性能缺陷不同，安全缺陷可以完全避免

   D. 安全测试要尽早测试、经常测试

2. 下列选项中，哪一项不属于安全测试？（ ）

   A. 静态分析   B. 漏洞扫描

   C. 渗透测试   D. 集成测试

3. 下列选项中，哪一项是跨站点脚本攻击漏洞？（ ）

   A. XSS   B. CSRF

   C. SQL   D. Buffer Overflow

4. 关于 CSRF 的说法中，下列说法中错误的是（ ）。

   A. 它是一种针对 Web 应用程序的攻击方式

   B. 跨站请求伪造通常发生在用户访问网站未退出的情况下

   C. 跨站请求伪造窃取用户信息伪装成用户执行恶意活动

   D. 防范跨站请求伪造攻击的主要思路就是加强后台对用户及用户请求的验证，而不
      能仅限于 Cookie 的识别。

5. 下列选项中，哪一项是抓包工具？（ ）

   A. AppScan   B. Fiddler

   C. Nmap   D. Metasploit

四、简答题

1. 请简述安全测试与常规测试的区别。

2. 请简述安全测试的基本原则。

3. 请简述 XSS 的攻击原理、过程及防范措施。

第 6 章

自动化测试

学习目标

★了解自动化测试的概念
★掌握自动化测试的基本流程
★了解自动化测试的优势和劣势
★了解自动化测试的实施策略
★了解自动化测试的常见技术和工具
★了解持续集成测试

随着 IT 技术的发展，软件产品开发周期越来越短，软件测试的任务越来越重，而测试中的许多操作都是重复性的、非智力性的和非创造性的，但要求工作准确细致，此时计算机最适合代替人工去完成这样的工作。软件自动化测试是为代替手工测试而产生的，它将自动化工具和技术应用于软件测试，旨在减少测试工作的手工重复性，以更快、更少的工作量构建质量更好的软件。本章将对自动化测试的相关知识进行讲解。

6.1 自动化测试概述

6.1.1 什么是自动化测试

自动化测试，是指把以人为驱动的测试行为转化为机器执行的过程。实际上自动化测试往往通过一些测试工具或框架，编写自动化测试脚本，来模拟手工测试过程。比如说，在项目迭代过程中，持续的回归测试是一项非常枯燥且重复的任务，并且测试人员每天从事重复性劳动，丝毫得不到成长，工作效率很低。此时，如果开展自动化测试就能帮助测试人员从重复、枯燥的手工测试中解放出来，提高测试效率，缩短回归测试时间。

实施自动化测试之前，需要对软件开发过程进行分析，以观察其是否适合使用自动化测试。通常情况下，引入自动化测试需要满足以下条件。

（1）项目需求变动不频繁

测试脚本的稳定性决定了自动化测试的维护成本。如果软件需求变动过于频繁，测试人员需要根据变动的需求来更新测试用例以及相关的测试脚本，而脚本的维护本身就是一个代码开发的过程，需要修改、调试，必要的时候还要修改自动化测试的框架，如果所花费的成本不低于利用其节省的测试成本，那么自动化测试便是失败的。

（2）项目周期足够长

自动化测试需求的确定、自动化测试框架的设计、测试脚本的编写与调试均需要相当长的时间来完成，这样的过程本身就是一个测试软件的开发过程，需要较长的时间来完成。如果项目的周期比较短，没有足够的时间去支持这样一个过程，那么自动化测试便无意义。

（3）自动化测试脚本可重复使用

如果费尽心思开发了一套近乎完美的自动化测试脚本，但是脚本的重复使用率很低，致使期间所耗费的成本大于所创造的经济价值，自动化测试便成为了测试人员的练手之作，而并非是真正可产生效益的测试手段了。

另外，在手工测试无法完成，需要投入大量时间与人力时也需要考虑引入自动化测试。比如性能测试、配置测试、大数据量输入测试等。一般来说，自动化测试通常都会跟持续集成系统（比如 Jenkins）配合使用，关于持续集成的相关内容我们将在后面的小节讲解。

6.1.2　自动化测试的基本流程

自动化测试的基本流程如图 6-1 所示。

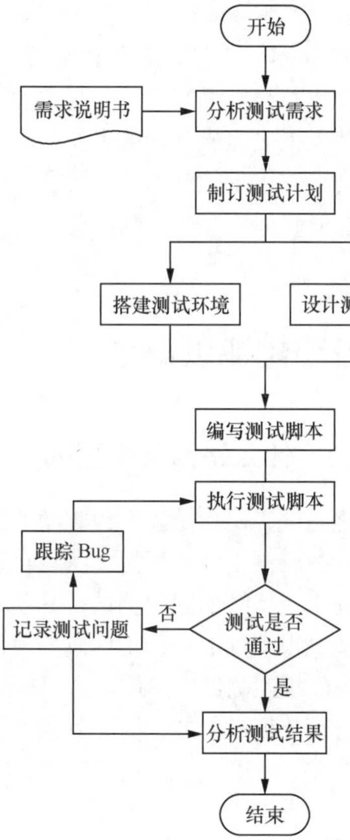

1. 分析测试需求

测试需求其实就是测试目标，也可以看作是自动化测试的功能点。自动化测试是做不到 100% 覆盖率的，只有尽可能提高测试覆盖率。一条测试需求需要设计多个自动化测试用例，通过测试需求分析判定软件自动化测试要做到什么程度。一般情况下，自动化测试优先考虑实现正向的测试用例后再去实现反向测试用例，而且反向的测试用例大多都是需要通过分析筛选出来的。因此，确定测试覆盖率以及自动化测试粒度、筛选测试用例等工作都是分析测试需求的重点工作。

2. 制订测试计划

自动化测试之前，需要制订测试计划，明确测试对象、测试目的、测试的项目内容、测试的方法。此外，要合理分配好测试人员以及测试所需要的硬件、数据等资源。制订测试计划后可使用禅道等管理工具监管测试进度。

3. 设计测试用例

在设计测试用例时，要考虑到软件的真实使用环境，例如对于性能测试、安全测试，需要设计场景模拟真实环境以确保测试真实有效。

图 6-1　自动化测试基本流程

4. 搭建测试环境

自动化测试人员在用户设计工作开展的同时即可着手搭建测试环境。自动化测试的脚本编写需要录制页面控件、添加对象。测试环境的搭建，包括被测系统的部署、测试硬件的调用、测试工具的安装和设置、网络环境的布置等。

5. 编写并执行测试脚本

公共测试框架确立后，可进入脚本编写的阶段，根据自动化测试计划和测试用例编写自动化测试脚本。编写测试脚本要求测试人员掌握基本编程知识，并且需要和开发人员沟通交流，以便于了解软件内部结构从而设计编写出有效的测试脚本。测试脚本编写完成之后需要对测试脚本进行反复测试，确保测试脚本的正确性。

6. 分析测试结果、记录测试问题

建议测试人员每天抽出一定时间，对自动化测试结果进行分析，以便更早发现缺陷。如果软件缺陷真实存在，则要记录问题并提交给开发人员修复，如果不是系统缺陷，就检查自动化测试脚本或者测试环境。

7. 跟踪测试 Bug

测试发现的 Bug 要记录到缺陷管理工具中去，以便定期跟踪处理。开发人员修复后，需要对问题执行回归测试，如果问题的修改方案与客户达成一致，但与原来的需求有偏离，那么在回归测试前，还需要对脚本进行必要的修改和调试。

6.1.3　自动化测试实施策略

追求敏捷开发导致许多团队采用金字塔测试策略。金字塔测试策略要求在 3 个不同级别进行自动化测试，具体如图 6-2 所示。

图 6-2 展示的金字塔要求自动化测试从 3 个不同级别进行，最底部的单元测试占据了自动化测试的最大百分比，其次是接口测试和 UI 测试。将自动化测试重点工作放在单元测试和接口测试阶段有助于加快项目整体开发进度，减少后期开发和测试的成本。接下来分别针对金字塔模型中的 3 部分测试进行讲解。

图 6-2　自动化测试金字塔策略

（1）单元测试

单元测试要求在开发中对每个功能模块（函数、类方法）进行测试，如检测其中某一项功能是否按预期要求正常运行。单元测试中通常采用白盒测试，主要对代码内部逻辑结构进行测试。

（2）接口测试

接口测试要求对数据传输、数据库性能等进行测试，从而保证数据传输以及处理的完整性。接口功能的完整运作对整个项目功能扩展、升级与维护有着重要的作用，接口测试通常使用黑盒测试和白盒测试相结合的方式进行。

（3）UI 测试

UI 测试以用户体验为主，软件的所有功能都是通过这一层展示给用户的，因此 UI 测试的工作也很重要。由于 UI 界面以最终的用户体验为主，因此在 UI 测试中并不是 100% 地使用自动化测试，其中需要人工操作来确定 UI 界面的易用程度。

6.1.4　自动化测试的优势和劣势

自动化测试只是众多测试中的一种，并不比人工测试更高级更先进。和人工测试相比，自动化测试有一定的优势和劣势，具体如下。

1. 优势

（1）自动化测试具有一致性和重复性的特点，而且测试更客观，提高了软件测试的准确度、精确度和可信任度。

（2）自动化测试可以将任务自动化，能够解放人力去做更重要的工作。

（3）自动化测试只需要部署好相应的场景，如高度复杂使用场景、海量数据交互、动态响应请求等，测试就可以在无人值守的状态下自动进行，并对测试结果进行分析反馈；手工

测试很难实现复杂的测试。

（4）自动化测试可以模拟复杂的测试场景完成人工无法完成的测试，如负载测试、压力测试等。

（5）软件版本更新迭代后需要进行回归测试，自动化测试有助于创建持续集成环境，使用新构建的测试环境快速进行自动化测试。

2. 劣势

（1）相对手工测试，自动化测试对测试团队的技术有更高的要求。

（2）自动化测试无法完全替代人工测试找到 Bug，也不能实现 100% 覆盖。

（3）自动化测试脚本的开发需要花费较大的时间成本，错误的测试用例会导致资源的浪费和时间投入。

（4）产品的快速迭代。自动化测试脚本将不断迭代，时间成本很高。

（5）自动化测试能提高测试效率，却不能保证测试的有效性。即使设计的测试用例覆盖率比较高，也不能保证被测试的软件质量会更优。

了解了自动化测试的优势和劣势，接下来通过表 6-1 比较自动化测试和人工测试的适用情况。

表 6-1   自动化测试和人工测试适合情况对比

适合自动化测试	适合人工测试
· 明确的、特定的测试任务 · 软件包含验证测试（Build Verification Test，BVT） · 回归测试、压力测试、性能测试 · 相对稳定且界面改动比较少的功能测试 · 人工容易出错的测试工作 · 在多个平台环境上运行相同的用例、大量组合性测试或其他重复性测试任务 · 周期长的软件产品开发项目 · 被测试软件具有很好的可测试性 · 能确保多个测试运行的构建策略 · 拥有运行测试所需的软硬件资源 · 拥有编程能力较强的测试人员	· 一次性项目或周期很短的项目的功能测试 · 需求不确定或需求变化比较快的测试 · 适用性测试或验收测试 · 产品的功能设计或界面设计还不成熟 · 没有适当的测试过程 · 测试内容和测试方法不清晰 · 团队缺乏有编程能力的测试人才 · 缺乏软硬件资源的测试

6.2   自动化测试常见技术

自动化测试技术有很多种，这里介绍 3 种常见的技术，具体如下。

1. 录制与回放测试

录制是指使用自动化测试工具对桌面应用程序或者是 Web 页面的某一项功能进行测试并记录操作过程。录制过程中程序数据和脚本混合，每一个测试过程都会生成单独的测试脚本。无论是简单的界面还是复杂的界面，进行多次测试就需要多次录制。

录制过程会生成对应的脚本。回放可以查看录制过程中存在的错误和不足，如图片刷新缓慢、URL 地址无法打开等。

2. 脚本测试

测试脚本是测试计算机程序执行的指令集合。脚本可以使用录制过程中生成的脚本，这些脚本一般由 JavaScript、Python、Perl 等语言生成。测试脚本主要有以下几种。

（1）线性脚本

线性脚本是指通过手动执行测试用例得到的脚本，包括基本的鼠标点击事件、页面选择、数据输入等操作。线性脚本可以完整地进行回放。

（2）结构化脚本

结构化脚本在测试过程中具有逻辑顺序以及函数调用功能，如顺序执行、分支语句执行、循环等。结构化脚本可以灵活地测试各种复杂功能。

（3）共享脚本

在测试中，一个脚本可以调用其他脚本进行测试，这些被调用的脚本就是共享脚本。共享脚本可以使脚本被多个测试用例共享。

3. 数据驱动测试

数据驱动指的是从数据文件中读取输入数据并将数据以参数的形式输入脚本测试，不同的测试用例使用不同类型的数据文件。数据驱动模式实现了数据和脚本分离，相对于录制与回放测试技术，数据驱动测试极大地提高了脚本利用率和可维护性，但是对于界面变化较大的情景不适合数据驱动测试。数据驱动测试主要包括以下几种。

（1）关键字驱动测试

关键字驱动是对数据驱动的改进，它将数据域与脚本分离、界面元素与内部对象分离、测试过程与实现细节分离。关键字驱动的测试逻辑为按照关键字进行分解得到数据文件，常用的关键字主要包括被操作对象、操作和值。

（2）行为驱动测试

行为驱动测试指的是根据不同的测试场景设计不同的测试用例，需要开发人员、测试人员、产品业务分析人员等协作完成。行为驱动测试是基于当前项目的业务需求、数据处理、中间层进行的协作测试，它注重的是测试软件的内部运作变化，从而解决单元测试中实现的细节问题。

6.3　自动化测试常用工具

在测试技术飞速发展的今天，自动化测试工具的使用越来越广泛，下面就来介绍几款常见的自动化测试工具。

1. Selenium

Selenium 是当前针对 Web 系统的最受欢迎的开源免费的自动化工具，它提供了一系列函数支持 Web 自动化测试，这些函数非常灵活，它们能够通过多种方式定位 UI 元素，并将预期结果和实际表现进行比较。Selenium 主要有以下特点。

（1）开源、免费。

（2）支持多平台：Windows、Mac、Linux。

（3）支持多语言：Java、Python、C#、PHP、Ruby 等。

（4）API 使用简单，开发语言驱动灵活。

（5）支持分布式测试用例执行。

目前，Selenium 经历了 3 个版本：Selenium 1，Selenium 2 和 Selenium 3。Selenium 是由几个工具组成的，每个工具都有其特点和应用场景，下面介绍几个核心的工具。

（1）Selenium IDE（集成开发环境）

Selenium IDE 是一个 Firefox 插件，提供简单的脚本录制、编辑和回放功能，并可以把录制的操作以多种语言（如 Java、Python 等）形式导出到一个可重用的脚本中以供后续使用。

（2）Selenium Grid

Selenium Grid 用于对测试脚本做分布式处理，允许一个中心节点管理多个不同浏览器的并行测试，目前已经集成到 Selenium Server 中。

（3）Selenium Romote Control

Selenium Romote Control 支持多种平台和浏览器，可以使用多种语言编写测试用例，Selenium 为这些语言提供了不同的 API 和开发库，便于自动编译环境集成，从而构建高效的自动化测试框架。

> **小提示：**
>
> 使用 Python 测试 Web 界面时可参考官方提供的 API 参考手册，测试人员可使用自己熟悉的编程语言编写测试脚本。API 参考手册见相关网站。

2. Katalon Studio

Katalon Studio 是一个功能强大的自动化测试工具，并提供专业的软件测试解决方案。它其实是构建在 Selenium 和 Appium 框架上的，可以同时测试 Web 系统及手机 App 应用。Katalon Studio 工具支持不同编程水平的工程师使用。即使不会编程的人也可以使用它轻松地开始一个项目的自动化；会编程的人员和高级自动化测试工程师可以通过 Katalon 工具快速创建新库以及维护代码，从而节省很多时间。

3. UFT

UFT（Unified Functional Testing）是商业的软件自动化测试和回归测试工具，其前身是 QTP（QuickTest Professional）。QTP 在更新至 11.5 版本时将 HP QuickTest Professional 与 HP Service Test 整合为一个测试工具，并命名为 UFT。

UFT 是用于功能测试的著名商业测试工具，它为跨平台的桌面程序、Web 应用程序和移动应用程序测试提供了丰富的 API，并为 Web 服务和 GUI 测试提供全面的功能集，该工具具有先进的基于图像的对象识别功能，可重复使用的测试组件和自动文档。

6.4　持续集成测试

持续集成（Continuous Integration，CI）是软件开发 DevOps（Development+Operations）中的一个概念，它强调的是软件开发和 IT 运维人员之间协作软件交付方式，以协作测试、打包和部署软件为核心，目的是增强软件版本的发布规律和可靠性。越来越多的证据表明，DevOps 实践可提高软件部署的速度和稳定性。接下来讲解持续集成在自动化测试中的使用。

6.4.1　持续集成的概念

在传统的软件开发中，集成过程通常在项目结束时，将每个人完成的工作进行整合，整合通常需要数周或数月。在持续集成中，开发人员会频繁地向主干提交代码，这些新提交的代码首先经过编译和自动化测试验证，然后合并到主干。举个例子，一个开发人员在家里的笔记本电脑上编写代码，另一个开发人员在公司编写代码，两个人都将代码提交到仓库，集成系统将每个人提交的代码集成到软件主干，并测试构建后的软件是否按照预期的方式工作。持续集成过程如图 6-3 所示。

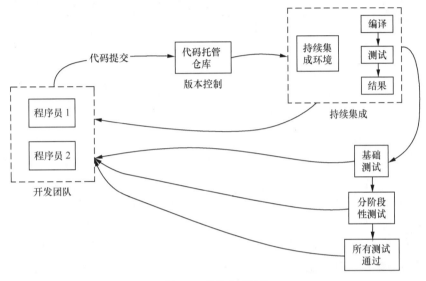

图 6-3　持续集成过程

CI 是在源代码变更后自动检测、拉取、构建以及进行单元测试的过程。持续集成的目标是快速确保开发人员新提交的代码是合格的，并且适合在代码库中进一步使用。CI 的流程执行和理论实践可以确定新代码和原有代码能否正确地集成在一起并通过测试。

开发人员常使用持续集成工具来构建和集成。代码集成且所有单元测试都通过，表明已成功集成在一起，并且代码可以进行后续测试。一旦开发人员提交的代码通过测试，测试人员就可以着手进行单元测试、集成测试等工作。CI 的好处是花费少量的时间即可完成自动化测试。

6.4.2　持续集成测试框架设计

互联网软件开发已经成熟、标准化，作为测试人员，掌握持续集成方法，有利于提高软件测试效率、提高生产效益，同时也可以衡量测试人员水平。在掌握持续集成的基本概念后，设计出当前项目的持续集成框架显得尤其重要。

1. 传统持续集成框架设计

开发人员通常使用名为 CI Server 的工具来构建和集成开发的项目。CI 要求测试人员具备持续集成测试的能力，在掌握持续集成环境中使用的工具的同时要与项目开发人员进行沟通合作，以确保开发中的代码按预期工作。这些最初的测试通常被称为单元测试，是确保项目再进行下一步测试的前提。传统持续集成框架设计如图 6-4 所示。

图 6-4 是使用持续集成测试搭建的自动化测试框架流程图。在启动测试之前，测试所需要的数据、测试用例、测试框架已经搭建完毕，并且项目通过编译。若测试项目使用服务器和数据库，这些资源也需要配备完成。

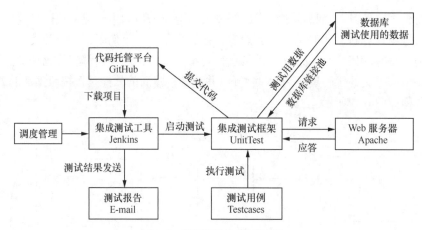

图 6-4 传统持续集成框架设计

如果把集成工具比作管家，测试人员就是主人，只需要吩咐管家去完成主人安排的任务即可。如果任务未按预期完成，管家则会提醒哪里出了错误以及当前执行任务进度，由此可见持续集成测试的方便。测试框架搭建完成之后，就可以执行测试。此时集成工具下载当前版本的项目启动测试，在搭建好的自动化测试框架中自动执行测试用例，并自动调用准备好的测试数据。若项目涉及数据库，则需要通过数据库连接池获取测试所用的数据，以及实现与服务器之间的交互等。测试完成后将测试过程及结果通过邮件方式发送给测试人员。

2. 持续集成容器化框架设计

基于容器的持续集成平台在环境搭建上耗时少于传统的持续集成系统搭建，可以在秒级内启动一个镜像生成一个持续集成环境。容器占用资源少并且保证了开发环境和测试环境的统一，降低了测试重复率，极大地提高了测试效率。使用 Docker 容器搭建的持续集成容器框架设计如图 6-5 所示。

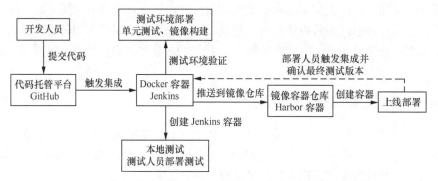

图 6-5 使用 Docker 容器搭建的持续集成容器框架设计

开发人员将代码提交到版本控制系统之后，触发 Jenkins 容器（Docker）自动部署开发人员提交的版本并进行单元测试、集成测试、构建 JAR 包等任务。测试通过后测试人员可以获取当前项目，创建容器进行本地化测试，测试完成后将项目提交到远程容器仓库进行管理，开始上线部署并触发集成同步到镜像库后通知测试人员或者开发人员停止容器的创建（图中虚线箭头部分）。

使用容器技术进行测试方便应用的部署以及不同场景下的测试，即一次构建随处运行。此外，容器技术在提高测试效率的同时降低了企业项目花费的成本、加快了开发速度。

▌▍ 小提示：关于持续集成

持续集成源自 DevOps，与持续集成对应的还有持续部署、持续交付等相关概念，诸如阿里、百度、腾讯、亚马逊等互联网巨头都提供了持续集成测试环境，甚至软件开发使用的工具也集成了如代码托管、协作开发、测试框架集成等，读者可参阅相关资料进行学习。此外，持续集成需要测试人员掌握软件开发、测试工具、编程等知识，如 Git、持续集成工具、数据库等。

6.5 实例：博学谷在线教育平台测试

前面几节讲解了自动化测试的基础知识，为了加深读者对自动化测试的理解，本节通过一个实例演示自动化测试过程，该实例使用 Selenium、WebDriver 和 Katalon Recorder 工具测试博学谷在线教育平台（https://www.boxuegu.com/）。

6.5.1 测试环境准备

自动化测试之前，先要部署测试需要的测试环境和测试软件，本案例用到的测试环境及软件具体如下。

1. 测试软件

本案例使用浏览器插件 Katalon Recorder 进行 Web 应用程序的自动化测试。在谷歌应用商店安装 Katalon Recorder 插件，或者在火狐浏览器中打开附加组件搜索 Katalon Recorder 进行安装。本案例使用的 Katalon Recorder 版本为 3.6.14。

2. 测试脚本编辑器

本案例使用 Python 3 作为自动化测试脚本语言，使用 Pycharm Community 版本作为脚本编辑器，使用 Anaconda 工具作为测试脚本解释器。Anaconda 工具的优点在于集成了众多测试所用的库，相比 Python 语言官方的解释器，使用 Anaconda 工具作为解释器方便安装第三方库且易于管理。

3. 测试平台

通过运行脚本来完成 Web 应用程序的自动化测试时，需要下载安装浏览器驱动，否则浏览器无法打开，脚本不能运行。不同的浏览器驱动也不相同，如谷歌浏览器驱动为 ChromeDriver、火狐浏览器驱动为 GeckoDriver。

关于上述测试软件的安装及环境配置，详见博学谷网页在线教育平台测试环境搭建文档。

6.5.2 博学谷网页元素定位

测试环境搭建完成之后，使用测试工具按照测试用例对博学谷网页进行自动化测试。Web 应用程序的自动化测试需要测试人员掌握基础的 HTML 知识。例如，在脚本中编写代码单击【登录】按钮，则首先要查找到这个按钮，即定位网页元素。下面我们来列举网页元素定位的两种方式：使用浏览器自带的调试器进行定位及使用浏览器插件 Katalon Recorder 进行定位，具体如下。

1. 使用浏览器自带的调试器查看属性进行定位

使用火狐浏览器打开博学谷主页，按【F12】键打开网页调试器，如图 6-6 所示。

图 6-6　使用网页调试器定位元素

在图 6-6 所示界面中，单击元素选择器，通过选择器可以从 HTML 页面中找到特定的元素，之后可以在查看器窗口查看选中元素的 id、Xpath、CSS 等元素信息。

以下列举博学谷主页进行元素定位的常用方式，在测试中用户可选择以下定位方式其中之一进行定位。

（1）使用 class 属性定位测试主页就业课栏。

```
<a class="more-btn zhugeMore"data-tagname=" 就业课 "href="/class">更多<spanclass=
"iconfont icon-zuojiantou"></span></a>
```

（2）使用 id 属性定位到输入框进行搜索输入操作。

```
<input id="search-input" type="text" placeholder=" 搜索感兴趣的课程内容 ">
```

（3）使用 xpath 属性定位搜索按钮。

```
//*[@id="header"]/nav/div/div[2]/div[1]/span
```

（4）使用 link text 定位下载手机端博学谷的按钮。

```
<li class="download-app ml20 hover" data-name=" 下载 App">
    <a target="_blank" href="/app/"> 下载 APP</a>
        <img src="/assets/footer/footerErma.png" alt="APP 下载 ">
```

2. 使用 Katalon Recorder 工具查看属性进行定位

通过使用 Katalon Recorder 录制网页查看属性，步骤如下所示。

（1）在火狐浏览器中打开博学谷主页后打开 Katalon Recorder 工具，单击工具栏中的按钮【New】添加测试用例并命名为 Test_BXG，Katalon Recorder 主界面功能介绍如图 6-7 所示。

（2）选择测试用例 "Test_BXG"，然后单击工具栏上的【Record】按钮进行录制。对网页导航、超链接、按钮等进行单击操作，完成之后单击【Stop】按钮完成录制操作。

（3）Katalon Recorder 功能使用。录制完成标志着测试用例执行完成，单击工具栏上的【Play】按钮进行回放，查看脚本是否录制成功，如图 6-8 所示。

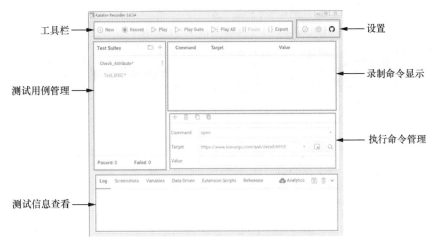

图 6-7　Katalon Recorder 主界面功能介绍

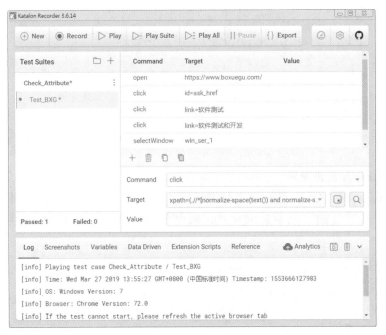

图 6-8　Katalon Recorder 录制

　　测试过程中可以结合执行命令管理区的 "Command" 选项自定义 Web 页面操作事件，在 "Target" 选项中选择不同的页面属性进行元素选取（id、name、Xpath 等）。此外，Katalon Recorder 还可以在命令显示区域更改命令执行顺序、添加自定义操作命令。

　　（4）查看录制脚本。单击工具栏上的【Export】按钮，在弹出的界面中选择导出使用的脚本语言，如图 6-9 所示。

　　在图 6-9 所示界面中选择自己熟悉的编程语言导出测试脚本。由于测试脚本经过封装，直接用来测试极易出错，因此通常不直接使用导出的脚本，但它可以作为脚本编写的辅助工具使用。

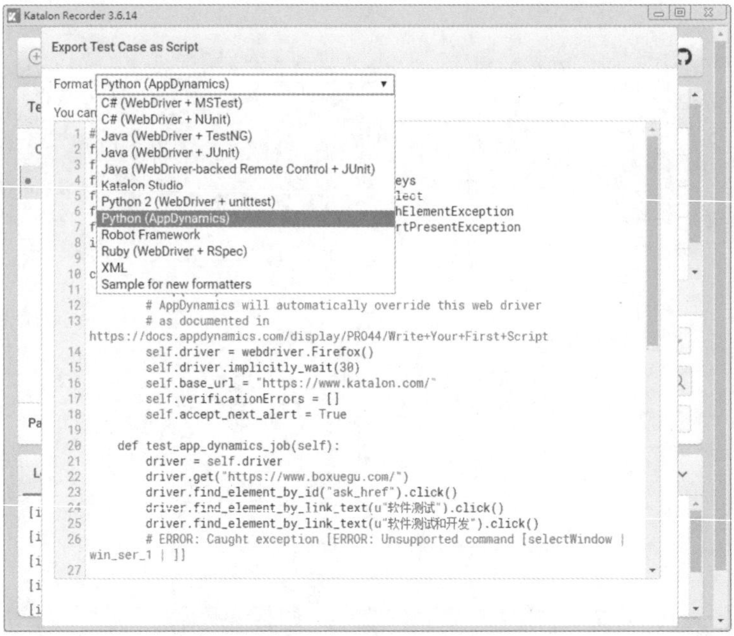

图 6-9　导出录制脚本

6.5.3　测试登录和退出功能

在 Web 端自动化测试中，登录和退出功能是主要测试的功能之一，网站的资源访问、信息查询等功能都需要在正常登录的状态下才能正常访问。下面以测试博学谷网站的登录和退出功能为例讲解 Web 应用程序的自动化测试。

1. 选择测试使用的浏览器

打开 Pycharm，导入 Selenium 自动化测试脚本需要的库。定义测试使用的浏览器，可使用不同浏览器进行测试，本案例在测试时使用火狐浏览器进行测试。测试代码如下所示。

```
1  # 导入 Web 测试驱动库
2  from selenium import webdriver
3  # 导入交互操作 ActionChains( 鼠标指针悬停、滚动、拖放等操作 )
4  from selenium.webdriver.common.action_chains import ActionChains
5  # 选择需要测试的浏览器
6  driver = webdriver.Firefox()
7  # 等待加载超时时间
8  driver.implicitly_wait(30)
9  # 打开博学谷主页
10 driver.get("https://www.boxuegu.com/")
```

需要注意的是，使用不同浏览器测试时，需要安装测试浏览器的驱动。

2. 登录和退出自动化测试

配置完成测试使用的浏览器后，使用浏览器自带的开发工具查看页面属性，也可以使用 Katalon Recorder 工具获取网页属性信息。

打开博学谷网页，查看登录和退出元素所在位置。由于退出操作只有当鼠标指针悬停在【个人中心】时，在弹出的菜单中单击【退出】选项才能退出登录，因此在退出时，需要先获取【个人中心】按钮属性信息进行鼠标指针悬停操作，然后在弹出菜单中单击【退出】。测试代码如下所示。

```
1  # 获取登录按钮 ID 进行单击操作
2  driver.find_element_by_id("login-button").click()
3  # 选定账号输入框
4  driver.find_elements_by_xpath("/html/body/div[13]/div/div/div[2]/div[1]/input")
5  # 输入账号
6  driver.find_element_by_xpath(u"(.//*[@id='login']/div/div/div[2]/div[1]/input)").
send_keys(' 账号 ')
7  # 选定密码输入框
8  driver.find_element_by_xpath("/html/body/div[13]/div/div/div[2]/div[2]/input").click()
9  # 输入密码
10 driver.find_element_by_xpath(u"(./html/body/div[13]/div/div/div[2]/div[2] /input)").
send_keys(' 密码 ')
11 # 单击【登录】按钮
12 driver.find_element_by_xpath("/html/body/div[13]/div/div/div[2]/button").click()
13 # 定义需要查找的属性信息
14 mouse=driver.find_element_by_id("personal")
15 # 鼠标指针悬停操作，鼠标指针指向个人中心菜单后会显示下拉菜单
16 ActionChains(driver).move_to_element(mouse).perform()
17 # 在【个人中心】的下拉菜单中单击【退出】选项
18 driver.find_element_by_css_selector("span.sign-out").click()
```

在上述代码中，使用的网页属性有 id、xpath、CSS Selector。编写测试脚本有一定难度，要求测试人员熟练掌握 WebDriver 驱动接口脚本语言 Python API，读者可以通过参考官方 API 手册进行测试练习以迅速熟悉 Web 网页测试。

6.5.4　测试网页跳转

在上一节中我们讲解了如何测试 Web 网页的登录和退出功能，除此之外，多级网页跳转、多级导航栏、后退等功能也是 Web 自动化测试的重点内容。下面以测试博学谷网页跳转功能为例进行讲解。

通常一个网站会依据自身产品的特点对网页进行功能区域的划分，每个栏目里边会包含多级页面、导航栏、超链接等，为保证数据提交、页面跳转显示等正常，需要进行测试。博学谷有很多子页面以及功能页面，下面以查找问答库子栏目中的"软件测试"标签为例讲解网页跳转测试。

使用火狐浏览器打开博学谷主页，博学谷导航栏和问答库子栏目页面分别如图 6-10 和图 6-11 所示。

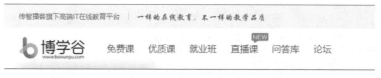

图 6-10　博学谷导航栏

图 6-11　问答库子栏目

在图 6-11 中可以观察到在问答库栏目下边包含大数据、Java、UI 等，通过单击发现这些栏目下 HTML 布局一致。设计测试用例时，要注意测试用例覆盖率问题，测试用例编写需要考虑以下问题。

（1）对包含多个子页的界面进行测试时，需要对测试用例进行规划。

（2）问答库的测试只需要关注问答库下的子栏目，对共同点进行提取，这些子栏目里网页布局是一样的，测试时仅仅需要测试查找的信息是否能正确打开。

（3）问答库下的【软件测试】栏目测试包含翻页、网页移动显示、查找信息是否显示正常。

（4）【软件测试】栏目的测试用例仅仅修改几行代码就可用于同级下的大数据、Java、UI 等栏目测试，实现了测试用例重复使用。

根据测试内容编写测试脚本，代码如下所示。

```
1  # 打开博学谷主页
2  driver.get("https://www.boxuegu.com/")
3  # 在导航栏中打开【问答库】栏目
4  driver.find_element_by_id("ask_href").click()
5  # 打开【软件测试】栏目
6  driver.find_element_by_link_text(u" 软件测试 ").click()
7  # 保存需要查找的信息 "测试计划编写的六要素" 到 findItem
8  findItem=driver.find_element_by_link_text(u" 测试计划编写的六要素 ")
9  # 将滚动条移动事件结果保存到 moveBar
10 moveBar=driver.execute_script("arguments[0].scrollIntoView();",findItem)
11 '''
12 查找的信息可能在当前打开页面未显示区域或者不在当前打开页面，需要进行查找、翻页等操作
13 '''
14 while moveBar:              # 以滚动条返回状态作为条件
15 # 判断是否在当前页面查找到了需要的信息，找到则退出
16     if findItem == moveBar:
17         break
18 # 如果没有则进行翻页，继续进行查找，找到则退出
19     else:
20         driver.find_element_by_link_text("2").click()
21         if findItem == moveBar:
22             break
23 # 打开需要查找的信息
24 driver.find_element_by_link_text(u" 测试计划编写的六要素 ").click()
```

由于【软件测试】栏下的标签是随机的，重新打开后都会随机排列标签信息，因此使用 while 循环对查找页面进行移动、翻页操作，查找到需要的信息就停止网页移动操作，此时定位到需要查找信息的显示界面，进行单击操作查看页面显示是否正常。

6.6 本章小结

本章讲解了自动化测试的相关知识，首先介绍了自动化测试的概念、基本流程、实施策略及优缺点；然后介绍了自动化测试常用技术与工具、持续集成测试；最后以测试博学谷网页为例讲解了 Web 自动化测试。通过本章的学习，希望读者能掌握 Web 自动化测试的基本方法。

6.7 本章习题

一、填空题

1. 软件执行自动化测试的前提条件是_____、_____、_____。

2. 自动化测试层次分为_____、_____、_____。

3. 自动化测试技术有_____、_____、_____。

4. 单元测试主要测试的是_____、_____。

5. 测试脚本分为_____、_____、_____。

6. Selenium 的 3 个核心组件是_____、_____、_____。

7. 列举常见的 Web 页面元素的定位方式：_____、_____、_____。

二、判断题

1. 自动化测试能完成人工测试无法完成的场景。（   ）

2. 软件在升级或者功能发生改变之后不需要进行回归测试，只需要测试改变的部分即可。（   ）

3. 自动化测试可以达到 100% 覆盖率。（   ）

4. 自动化测试无须使用人工手动执行，完全由自动化测试工具完成。（   ）

5. 自动化测试可以提高测试效率，却无法保证测试的有效性。（   ）

6. 持续集成测试是软件开发、软件测试、项目部署的有效方法。（   ）

三、单选题

1. 下列选项中，哪一项是不正确的？（   ）

　A. 单元测试主要测试的是函数功能、接口

　B. 在单元测试中主要使用的是白盒测试方法

　C. 接口测试中使用白盒测试和黑盒测试结合的方式进行测试

　D. UI 测试时不能修改界面布局进行测试

2. 下列选项中，哪一项不是自动化测试的缺点？（   ）

　A. 自动化测试对测试团队的技术有更高的要求

　B. 自动化测试对于迭代较快的产品来说时间成本高

　C. 自动化测试具有一致性和重复性的特点

　D. 自动化测试脚本需要进行开发，并且自动化测试中错误的测试用例会浪费资源

3. 下列哪一项不属于脚本测试技术？（   ）

　A. 线性测试　　　　　　　　　　　B. 结构化测试脚本

　C. 回归测试脚本　　　　　　　　　D. 共享脚本

4. 关于持续集成的说法错误的是（　　）。

A. 使用持续测试的方式进行测试，需要搭建好持续集成的环境，测试人员需要和开发人员沟通协作

B. 持续集成方式有利于提高项目的开发进度和测试效率

C. 持续集成可以完全实现自动化测试，不需要人工处理

D. 使用容器技术进行持续集成可以方便项目的部署

5. 下列选项中适合自动化测试的是（　　）。

A. 需求不确定且变化频繁的项目

B. 产品设计完成后测试过程不够准确

C. 项目开发周期长而且重复测试部分较多

D. 项目开发周期短，测试比较单一

6. 下列关于自动化测试描述正确的是（　　）。

A. 自动化测试能够很好地进行回归测试从而缩短回归测试时间

B. 自动化测试脚本不需要维护，每次测试完成后进行下一次测试需要重新编写测试用例

C. 自动化测试只需要熟练掌握自动化测试工具就可以

D. 自动化测试中测试人员仅仅测试负责的模块，不需要考虑其他干扰因素

四、简答题

1. 请简述持续集成的基本过程。

2. 请简述传统持续集成框架和持续集成容器的区别。

3. 请简述自动化测试使用的技术。

第 **7** 章

移动 App 测试

学习目标

★了解移动 App 测试的背景

★了解移动 App 测试的要点

★了解移动 App 测试的流程

★掌握移动 App 测试环境的搭建

★掌握 Appium 测试工具的使用

★掌握移动 App 测试脚本的编写

移动设备出现后以其智能、互动等特点广泛应用于日常生活。随着移动端设备的普及，移动 App 也深入到人们生活和工作的各个角落。由于移动端设备的特点，移动 App 使用环境也较为复杂，在复杂的使用场景中，由 App 缺陷导致的事故时有发生，提升移动 App 质量至关重要。移动 App 质量保证离不开移动 App 测试，本章将对移动 App 测试的相关知识进行讲解。

7.1 移动 App 测试概述

移动 App（移动 Application，移动应用服务）是针对手机、平板电脑等移动设备连接到互联网的业务或者无线网卡业务而开发的应用程序。

1. 移动 App 特性

移动 App 是专门在手机、平板电脑等移动设备上运行的软件，如闹钟、日历、微信、微博等。与传统的 PC 端软件相比，移动 App 具有以下特性。

（1）设备多样性

传统的软件都是安装在计算机中，缺乏随时随地使用的优势。移动 App 可以安装的设备比较多，如手机、平板电脑、智能手表等，这些设备轻巧便携，满足了用户对移动生活、工作的强烈需求。

（2）网络多样性

传统的 PC 端软件一般都是通过计算机连接有线网络使用，虽然现代的计算机也可以连接无线网络，但是这些网络都是比较稳定的。移动 App 通过移动设备连接无线网络使用，包括 3G、4G、Wi-Fi，现在 5G 网络也已经提上日程。相对于计算机连接的网络，移动网络具有不稳定性，而且可能会随时切换，例如信号不好时，由 4G 网络切换到 3G 网络；离开一个环境后，网络由 Wi-Fi 切换到流量网络等。

（3）平台多样性

传统的 PC 端软件所依赖的平台主要有 Windows、Mac、Linux 等，种类相对来说比较少，而移动 App 所依赖的平台则有很多种，常见的移动平台如表 7-1 所示。

表 7-1　常见的移动平台

操作系统	厂商	流行程度	最新发行版本
iOS	Apple	高	iOS 12.1.2
Android	Google	高	Android 9.0 Pie
Windows Phone	Microsoft	中	Windows 10 Mobile
Blackberry	BlackBerry	低	ADI067

移动 App 使用最多的平台是 Android 与 iOS，移动 App 测试主要针对 Android 与 iOS 平台。

2. 移动 App 测试与传统软件测试的区别

移动 App 的特点使得它与传统软件在开发、测试方面都有所不同，开发并不是本书范畴，我们只讲解它们在测试方面的区别。比较移动 App 测试与传统软件测试的不同，要从以下几个方面进行考虑。

（1）页面布局不同

对于传统软件，计算机设备屏幕比较大，可以同时显示很多信息，用户在使用时对所有信息一览无余，页面布局比较灵活；但是对于移动 App，移动设备屏幕小，显示的信息有限，一般都是单列显示，在测试时需要考虑布局是否合理。此外，在测试时还要考虑到移动设备的屏幕可以旋转，旋转之后，屏幕上信息显示是否符合用户需求。

（2）使用场合不同

传统软件使用地点比较固定，网络信号也比较稳定；而移动 App 使用场合不固定，网络信号也不稳定，测试需要考虑弱网情况下 App 的使用情况。此外，还要考虑移动设备电量不足的情况下，App 是否能正常使用。

（3）输入方法不同

传统软件大多使用键盘和鼠标进行输入；移动 App 的输入方法比较多，除了键盘和鼠标之外，还包括触屏、电容笔、语音等。移动 App 测试时要测试多种输入方法是否都能正常使用。

（4）操作方式不同

传统软件使用鼠标操作，点击精确；而移动 App 大多是触屏操作，点击时误差较大，且不支持"鼠标指针"悬停事件。

7.2　移动 App 测试要点

移动 App 测试与传统测试的思路和方法相同，都包括功能测试、性能测试、安全测试、UI 测试等。除了这些常规测试，移动 App 还有属于自己的专项测试。由于移动 App 与传统软件特点不同，因此移动 App 的测试要点与传统软件测试要点也不相同。下面对移动 App 的 UI 测试、功能测试、专项测试、性能测试的测试要点进行介绍。

7.2.1　UI 测试

移动 App 的 UI 测试主要测试 App 界面（如窗口、菜单、对话框）布局、风格是否满足客户要求，文字表述是否简洁准确，页面是否美观，操作是否友好等。下面介绍移动 App 的 UI 测试要点。

1. 界面布局

由于移动设备屏幕窄小，显示信息有限，因此移动 App 的界面布局尤其重要。

（1）界面布局合理且友好，符合用户习惯。

（2）列表型界面有滚动条。

（3）功能入口明显，容易找到。

2. 图形测试

图形测试包括图片、边框、颜色、字体、按钮等，要确保每一个图形都有明确用途。

（1）图片大小合适，显示清晰。

（2）页面字体与风格一致。

（3）背景颜色和字体、图片颜色搭配得当，让用户视觉体验良好。

3. 内容测试

内容测试主要是测试文字使用情况。

（1）文字表达准确，符合 App 功能。

（2）文字没有错别字。

（3）文字用语简洁友好。

7.2.2　功能测试

移动 App 功能测试主要根据软件需求说明验证 App 的功能是否得到了完整正确的实现。移动 App 的功能测试要点如图 7-1 所示。

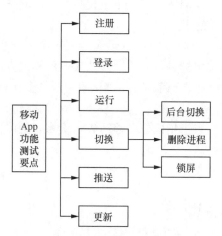

图 7-1　移动 App 功能测试要点

图 7-1 简单列出了移动 App 的功能测试要点，它与传统的 PC 端软件的功能测试大抵相同。但由于移动设备的屏幕窄小，显示信息有限，因此在行程切换和消息推送方面与 PC 端软件测试有一些区别。

1. 切换测试

移动 App 切换测试主要包括后台切换、删除进程、锁屏 3 项，具体介绍如下。

（1）后台切换：当并行运行多个程序时，在程序之间进行切换，要确保再次切换回来时 App 还保持在原来的页面上。

（2）删除进程：测试从后台直接删除进程后，当再次打开 App 时是否符合概要设计描述，同时测试删除进程时是否将 App 建立的会话一起删除。

（3）锁屏：锁屏包括手动锁屏和自动锁屏，测试锁屏之后 App 响应是否符合概要设计的要求，例如再次打开时 App 还保持原来的页面可以继续使用，当锁屏达到一定时间后就自动退出程序。

2. 推送测试

在使用计算机时，经常会收到推送信息，这些推送有的是系统推送，有的是软件推送。在移动端，移动 App 也会推送，例如支付宝推送一个红包、今日头条推送实时热点新闻等。移动 App 的推送功能也需要进行测试，确保 App 推送及时，并且用户可以及时收到推送。

7.2.3　专项测试

移动 App 专项测试包括安装测试、卸载测试、升级测试、交互性测试、弱网测试、耗电量测试等，下面分别进行讲解。

1. 安装测试

移动 App 安装方式与 PC 端软件稍有不同，App 安装测试要考虑 App 来源、对移动设备的兼容性等，具体如下。

（1）移动 App 的安装渠道比较多，如谷歌应用商店、应用宝等，甚至可以通过扫码安装。对于多渠道的安装方式，在测试时每个渠道都要进行测试，以确保通过每个渠道都能正确安装软件。对于已经安装的软件，如果再次安装，要弹出已安装或更新提示，而不是产生冲突。

（2）移动设备的种类比较多，例如一个品牌的手机会有不同的系列，每个系列也会有多个型号，此外，移动 App 所依赖的平台也比较多，在测试时要考虑 App 对不同手机、不同操作系统的兼容性。

（3）App 在安装过程中是否可以取消安装，如果可以取消安装，确保取消安装的处理要与 App 概要设计描述一致。例如，如果 App 概要设计描述取消安装的处理过程为：取消安装进行回滚处理，将已经安装的文件全部删除，那么在实际取消安装时也必须如此处理。

（4）如果安装过程出现意外情况，如死机、重启、电量耗尽关机等，App 安装的处理是否与 App 概要设计一致。如中断安装，当再次开机时继续安装；启动后台进程守护安装，当再次开机时提示 App 安装完成。

（5）如果移动设备空间不足，要确保有相应提示。例如，当剩下 100MB 空间时，要安装一个 200MB 的 App，有的 App 直接提示空间不足，无法安装；有的 App 会先安装，待空间用尽时再提示。

（6）App 安装过程要进行 UI 测试，例如给用户提供进度条提示。

（7）App 安装完成之后，测试其是否能正常运行，安装后的文件夹及文件是否写入到了指定的目录下。

2. 卸载测试

移动 App 安装测试与传统 PC 端软件不同，那么卸载测试相应也有区别。移动 App 的卸载测试要点主要有以下几个。

（1）在卸载时，有卸载提示信息。

（2）App 在卸载过程中是否支持取消卸载，如果支持取消卸载，要确保取消卸载的处理与 App 概要设计描述一致。

（3）卸载软件的过程中如果出现意外情况，如死机、重启、电量耗尽关机等，要有相应的处理措施，如进行回滚，当再次开机时需要重新卸载；中断卸载，当再次开机时继续卸载；启动后台进程守护卸载，当再次开机时提示卸载完成。

（4）卸载过程要进行 UI 测试，例如给用户提供进度条提示。

（5）卸载完成之后，App 相应的安装文件是否要全部删除，应当给用户一个提示信息，提示相应文件全部删除或者让用户自己选择是否删除。

3. 升级测试

升级测试是在已安装 App 的基础上进行的，测试要点如下所示。

（1）如果有新版本升级，打开软件时要有相应提示。

（2）升级包下载中断时要有相应处理措施，支持继续下载或者重新下载。

（3）App 安装渠道有多种，相应的升级渠道也有多种，要对多渠道升级进行测试，确保每个渠道的升级都能顺利完成。

（4）测试不同操作系统版本时软件升级是否都能通过。

4. 交互性测试

移动设备大多具有电话、短信、蓝牙、手电筒等功能，在使用 App 时难免会受到干扰。例如使用 App 时，如果需要拨打 / 接听电话或启动蓝牙、相机、手电筒等，App 要做好相应的处理措施，确保 App 不会产生功能性错误。

5. 弱网测试

移动 App 使用移动网络，移动网络的情况比较复杂，网络信号会受到环境的影响，容易发生网络不稳定的情况，而很多 App 的一些隐藏问题只有在复杂的网络环境下才会显现出来。例如正在使用的 App 遇到网络信号切换或变弱时，App 不能响应或产生功能性错误，因此在测试时要特别对 App 进行弱网测试，及早发现问题。

6. 耗电量测试

移动设备电量一直是困扰用户的一个问题，同时也是移动设备发展的一个瓶颈，如果 App 架构设计不好，或者代码有缺陷，就可能导致电量消耗比较大，因此 App 耗电量测试也很重要。如果 App 耗电量较大，改进 App 使其在电量不足的情况下，让 App 释放掉一部分性能以节省电量。

7.2.4 性能测试

移动 App 性能测试主要测试 App 在边界、压力等极端条件下运行是否满足客户需求，例如在电量不足、访问量增大等情况下 App 运行是否正常。下面介绍移动 App 的性能测试要点。

1. 边界测试

在各种边界压力下，如电量不足、存储空间不足、网络不稳定时，测试 App 是否能正确响应、正常运行。

2. 压力测试

对移动 App 不断施加压力，如不断增加负载、不断增大数据吞吐量等以确定 App 的服务瓶颈，获得 App 能提供的最大服务级别，确定 App 性能是否满足用户需求。

3. 响应能力测试

响应能力测试实质上也是一种压力测试，在一定条件下 App 是否可以正确响应，响应时间是否超过了客户需求。

4. 耗能测试

测试 App 运行时对移动设备的资源占用情况，包括内存、CPU 消耗，App 长期运行时耗电量、耗流量情况，验证 App 对资源的消耗是否满足用户需求。

7.3　移动 App 测试流程

移动 App 的测试流程与传统软件的测试流程大体相同，在测试之前分析软件需求并对需求进行测试，需求测试完成后制订测试计划等，但移动 App 测试的要点与传统软件测试要点不同，因此在具体实施细节上也不相同。

移动 App 测试基本流程如图 7-2 所示。

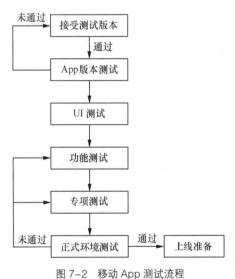

图 7-2　移动 App 测试流程

图 7-2 所示的是移动 App 基本测试流程，每个环节对应测试如下。

（1）接受测试版本：由开发人员提交给测试人员。

（2）App 版本测试：主要检查 App 开发阶段对应的版本是否一致。

（3）UI 测试：检查 App 界面是否与需求设计的效果一致。

（4）功能测试：核对项目需求文档，测试 App 功能是否满足客户需求。

（5）专项测试：对移动 App 进行专项测试。

（6）正式环境测试：模拟实际使用环境进行测试。

（7）上线准备：测试通过后，对测试结果进行总结分析，为 App 上线做准备。

移动 App 开发完成后，提交给测试人员。测试人员首先对当前 App 版本进行检查，通过后进行基本的 UI 测试，检查界面效果是否与需求设计相符合，之后依据需求文档进行功能测试，完成这些工作后进行专项测试等。最后在实际运行环境中进行测试，测试通过后做上线准备工作。

┃┃ 多学一招：第三方测试平台

移动端软件可以使用第三方云测平台进行测试，第三方平台如阿里 EasyTest、华为云测、贯众云测试等，提供了全面专业的测试服务，可选择品牌机型、操作系统版本、性能测试、功能测试等，极大地提高了移动 App 测试的效率。

7.4 移动 App 测试工具

市场需求和智能机的高速发展使得移动端软件功能越来越复杂，移动端的技术方案也日趋多样化，这让做好移动端应用面临着更多挑战。移动 App 测试需要大量的人力物力，耗时且测试过程复杂，手动对 App 进行测试是不可取的，一般都借助测试工具进行测试。移动 App 测试工具有很多，本节介绍几个常见的移动 App 自动化测试工具。

1. Appium

Appium 是一个开源、跨平台的自动化测试框架，它使用 WebDriver 协议驱动 Android 设备、iOS 设备和 Windows 应用程序。下面对 Appium 测试对象、支持平台及语言、工作原理进行介绍。

（1）测试对象

Appium 支持 iOS 平台和 Android 平台上的原生应用、Web 应用和混合应用。

① 移动原生应用：单纯用 iOS 或者 Android 开发语言编写的、针对具体某类移动设备、可直接被安装到设备里的应用，这类程序一般可通过应用商店获取。

② 移动 Web 应用：移动浏览器访问的应用（Appium 支持 iOS 上的 Safari 和 Android 上的 Chrome）。

③ 混合应用：原生代码封装网页视图的应用程序，如淘宝客户端。混合应用使用网页技术开发，用原生代码进行封装。

（2）支持平台及语言

Appium 支持 Windows 和 Linux 系统，允许测试人员在不同的平台（iOS、Android）使用同一套 API 来编写自动化测试脚本，增加了 iOS 和 Android 测试套件间代码的复用性。

Appium 采用 C/S（client/Server）设计模式，实现 Client（客户端）发送 HTTP 请求到 Server（服务端）；支持多种语言，如 Python、Java、JavaScript、Objective-C、PHP 等。

（3）工作原理

使用 Appium 执行 App 自动化测试时，在 Appium 客户端编写测试脚本并执行该脚本，脚本会请求到 Appium 服务端，Appium 服务端对脚本进行解析，驱动 iOS 设备或 Android 设备执行脚本，完成自动化测试。其工作原理如图 7-3 所示。

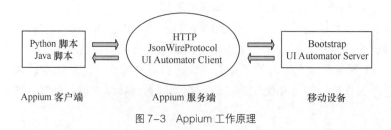

图 7-3　Appium 工作原理

下面结合图 7-3 介绍 Appium 工作原理，具体如下。

① 使用 Appium 支持的编程语言在客户端编写测试脚本。

② 启动 Appium 的服务端，默认 Server（服务端）端口为 4723，Appium 支持标准的 JsonWire Protocol 协议。Appium Server（服务端）接收 WebDriver 客户端标准请求，解析请求内容，调用对应的框架响应操作。

③ Appium 服务端会把请求转发给监听手机端口 4724 的中间件 Bootstrap，并接收 Appium 的命令，调用 UI Automator 的命令执行相对应的操作。

④ Bootstrap 将执行的结果返回给 Appium 服务端。

⑤ Appium Server(服务端) 再将结果返回给 Appium 客户端。

2. UI Automator

UI Automator 是 Android 4.1 以上版本自带的一个测试框架，它既可以做 UI 测试也可以做功能测试。UI Automator 是黑盒测试框架，测试人员不需要获取对象源码就可以使用它对 App 进行 UI 测试和功能测试。下面介绍 UI Automator 主要组件及功能。

（1）布局查看器

布局查看器（UI Automator Viewer）用于检查布局层次结构，它可以扫描和分析 Android 设备上当前显示的 UI 组件属性信息，使用这些信息可以使测试更加精确。

UI Automator 的布局查看器如图 7-4 所示。

图 7-4　UI Automator 布局查看器

跨应用启动安卓模拟器后，在安卓 SDK 安装路径下的 tools 目录下查找 uiautomatorviewer.bat 文件并打开，在图 7-4 中单击 按钮，获取当前应用程序界面的元素属性。

（2）UI 测试 API

UI Automator 官方提供的 API 随着安卓系统的不断更新更加可靠和成熟。在测试中，使用官方 API 编写的测试脚本文件更可靠，而且无须了解目标代码实现的具体细节，很容易使用捕获的设备中的 UI 组件信息快速测试。常见的 UI 组件如下所示。

① UICollection：计算 UI 元素个数，或者通过可见的文本或内容描述属性来指代。

② UIObject：设备上可见的 UI 元素。

③ UIScrollable：为滚动 UI 容器搜索项目提供支持。

④ UISelector：在设备上查询一个或多个目标 UI 元素。

⑤ Configuration：允许设置运行 UI Automator 测试所需的关键参数。

（3）设备状态信息访问 API

UI Automator 提供了 UIDevice 类，用于在运行的目标设备上执行打开通知栏、获取当前窗口截图、单击返回按钮等操作。Android 官方提供的 UIDevice 类中的操作方法如图 7-5 所示。

公共方法	
void	clearLastTraversedText() 清除上一次UI遍历事件中的文本。
boolean	click(int x, int y) 在用户指定的任意坐标处执行单击
boolean	drag(int startX, int startY, int endX, int endY, int steps) 执行从一个坐标到另一个坐标的滑动。
void	dumpWindowHierarchy(File dest) 将当前窗口层次结构转储到a File。
void	dumpWindowHierarchy(OutputStream out) 将当前窗口层次结构转储为OutputStream。

图 7-5　UIDevice 设备访问 API

3. Monkey

Monkey 也是安卓官方 SDK 自带的自动化测试工具，它是运行在模拟器或真实设备上的程序，可以生成用户事件随机流（单击、触摸、手势以及系统级事件）。Monkey 测试中的所有事件都是随机的，不带任何主观性。Monkey 常用于应用程序的压力测试。

（1）Monkey 选项类别

① 基本配置选项。例如设置要尝试的事件数。

② 操作约束。例如将测试限制为单个包。

③ 事件类型和频率。

④ 调试选项。

Monkey 可以将生成的事件发送到系统。此外，还可以根据选项级别监视系统，找出错误响应及异常行为并生成事件报告。

（2）基本用法

由于 Monkey 在模拟器设备环境中运行，因此必须从该环境中的 shell 启动它。可以通过前缀adb shell执行相关的测试命令，或通过输入shell并直接输入monkey命令来完成命令执行。monkey 命令的基本语法如下。

```
adb shell monkey [ options ] < event - count >
```

关于命令选项读者可参见官方手册。选项示例如图 7-6 所示。

Category	Option	Description
General	`--help`	Prints a simple usage guide.
	`-v`	Each -v on the command line will increment the verbosity level. Level 0 (the default) provides little information beyond startup notification, test completion, and final results. Level 1 provides more details about the test as it runs, such as individual events being sent to your activities. Level 2 provides more detailed setup information such as activities selected or not selected for testing.
Events	`-s <seed>`	Seed value for pseudo-random number generator. If you re-run the Monkey with the same seed value, it will generate the same sequence of events.
	`--throttle <milliseconds>`	Inserts a fixed delay between events. You can use this option to slow down the Monkey. If not specified, there is no delay and the events are generated as rapidly as possible.
	`--pct-touch <percent>`	Adjust percentage of touch events. (Touch events are a down-up event in a single place on the screen.)

图 7-6   monkey 命令示例

7.5   实例：使用 Appium 测试 App——手机安全卫士

前面几节讲解了移动 App 的基本概念、移动 App 的测试要点以及测试流程，使读者对移动 App 测试有了基本的认识。本节通过一个案例演示移动 App 的测试方法，本案例使用的测试 App 是传智播客公司内部开发的一款 Android 端软件——手机安全卫士，测试工具为 Appium。

7.5.1   测试环境准备

工欲善其事，必先利其器，软件测试首先需要搭建测试环境，环境搭建不完善将影响测试进度。下面简要介绍手机安全卫士测试环境的搭建，详细搭建过程请参见附加文档的环境搭建指导手册。

1. 搭建 Android 环境

安卓端软件测试需要 Android SDK 环境的支持，因此需要安装 Android SDK。Android SDK 环境搭建包括以下 2 步。

（1）安装 Android SDK

本案例使用的是 Android SDK 25.2.5 版本。

（2）安装安卓模拟器

手机卫士程序需要运行在真机或者安卓模拟器上进行测试。完成 Android SDK 安装后，打开 AVD Manager 创建安卓软件运行的模拟系统。安卓模拟器除了官方模拟器，还有很多第三方模拟器，如夜神模拟器、Genymotion 等。由于第三方模拟器比官方模拟器功能更加完善，因此本案例选择第三方模拟器作为运行测试软件平台。

多学一招：安卓SDK目录工具

安卓 SDK 安装路径的 tools 目录包含了谷歌公司官方提供的安卓软件测试工具，了解最常用的官方测试工具对测试人员测试能力的提高有很大帮助。Android SDK 常用工具及其作用如表 7-2 所示。

表 7-2　Android SDK 工具

工具名	作用
ddms.bat	启动安卓应用程序调试，如启动错误、警告等信息
monkeyrunner.bat	多设备控制、功能测试、回归测试、可扩展自动化
hierarchyviewer.bat	UI 界面布局层次查看工具
uiautomatorviewer.bat	查看程序启动后程序功能 UI、界面属性
traceview.bat	日志图形跟踪工具

2. 安装 Appium 测试工具

使用 Appium 工具测试安卓软件，可以快速获取软件 UI 布局信息、XML 信息等。运行 Appium 需要 JDK 环境支持，本案例使用的 JDK 版本为 1.8.0。

Appium 有 2 种操作方式，一种是运行在控制台的命令模式，另一种是 UI 界面。本案例使用 Appium 桌面端版本 1.10.0。

▎▎**小提示：第三方模拟器无法连接Appium服务器**

在使用第三方模拟器（如夜神模拟器）测试时，无法连接到 Appium 服务器。解决该问题的方法如下：将模拟器安装目录下的 adb.exe 替换成安卓 SDK 中 platform-tools 目录下的 adb.exe。这是由于 Appium 服务器配置的是安卓 SDK 开发环境，第三方 adb 调试工具版本需要与其保持一致，详细解决方案参见第三方安卓模拟器使用文档。

3. 测试脚本编写环境

Appium 自动化测试框架 API 支持多种语言，如 Java、PHP、Ruby、Python 等，本案例使用 Python 3 作为自动化测试脚本语言，使用 Pycharm Community 版本作为脚本编辑器。

4. 安装测试软件

搭建环境完成之后，安装测试软件，可通过 adb 命令安装或者拖动测试软件到安卓模拟器界面完成安装。

至此，安卓端软件测试准备工作已完成。

7.5.2　手机安全卫士 UI 测试

UI 测试是移动 App 测试中的重点，UI 界面设计直接影响用户的体验。UI 测试通常是对界面布局、图形和字体进行测试。下面介绍如何使用 Appium 自动化测试工具进行 UI 测试。

1. 连接模拟器

（1）运行模拟器

运行安卓模拟器或者第三方模拟器，本案例使用的是第三方模拟器夜神 Nox，模拟器使用的安卓系统为 5.1.1 版本，测试模式为手机模式。安装手机安全卫士，启动模拟器，夜神模拟器主页如图 7-7 所示。

（2）连接安卓模拟器

打开 Windows 系统控制台命令窗口，依次输入以下命令连接安卓模拟器。

```
1  adb start-server                # 启动 adb 调试服务
2  adb connect 127.0.0.1:62001     # 连接夜神模拟器
3  adb devices                     # 查看设备是否连接
```

图 7-7　夜神模拟器主页

第 1 行命令用于启动 adb 调试工具，启动成功后显示"daemon started successfully"。

第 2 行命令用于连接已经启动的安卓模拟器设备，夜神模拟器 IP 连接地址是本地回环地址 127.0.0.1，默认端口号为 62001。连接成功后提示 connected，并显示连接地址和端口号。

第 3 行命令用于检查设备是否连接成功，连接成功后提示 device，连接失败提示 offline。

上述 3 个命令的运行结果如图 7-8 所示。

图 7-8　adb 命令连接安卓模拟器

2. 配置 Appium 工具

（1）Appium 服务器配置

Appium 服务器地址设置为本地回环地址 127.0.0.1，端口号设置为默认端口 4723，如图 7-9 所示。

配置完成后，在图 7-9 所示界面中单击【Start Server v1.10.0】按钮启动服务器，监听 127.0.0.1 地址设备信息，如图 7-10 所示。

图 7-9　Appium 服务器端配置

图 7-10　启动 Appium 服务器

至此 Appium 服务器配置运行完毕。

（2）手机安全卫士 UI 测试配置

在 Appium 菜单栏单击【File】→【New Session Windows】，在弹出窗口的【Desired

Capabilities】选项卡下单击 ⊞ 按钮，添加手机安全卫士 UI 测试所需参数，配置完成后单击【Save】按钮保存，如图 7-11 所示。

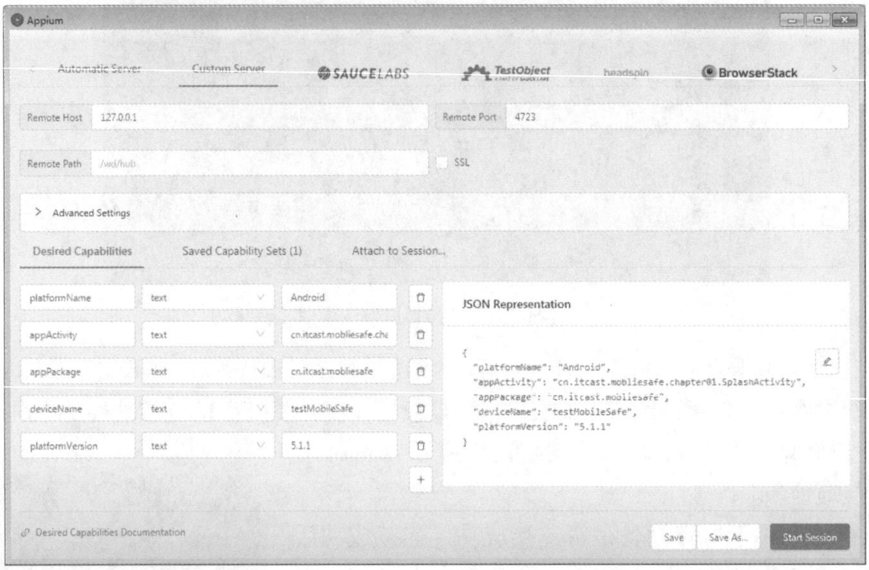

图 7-11　UI 测试参数配置

图 7-11 中的参数配置示例如下所示。

```
{
  "platformName": "Android",
  "appActivity": "cn.itcast.mobliesafe.HomeActivity",
  "appPackage": "cn.itcast.mobliesafe",
  "deviceName": "testMobileSafe",
  "platformVersion": "5.1.1"
}
```

① platformName：使用的手机操作系统，支持 iOS、Android、Firefox OS。

② appActivity：要启动的安卓 Activity。

③ appPackage：安卓应用运行的包名。

④ deviceName：使用手机或模拟器的类型，安卓设备可忽略参数选项。

⑤ platformVersion：操作系统的版本。

▌▌▌ 小提示：

以上配置参数是安卓设备自动化测试要配置的基本参数，参数详细信息参见官方文档说明。

（3）启动 Appium UI 界面测试

确认 Appium 本地服务器启动，并且测试程序 UI 参数配置完成，在图 7-11 所示界面中单击【Start Session】按钮启动 UI 测试。启动后 Appium 本地监听终端界面如图 7-12 所示。

图 7-12 所示监听窗口会实时显示本地服务器与模拟器的交互信息，如安卓测试程序配置信息、HTTP 请求信息等。使用 Appium 图形化界面进行安卓程序 UI 界面测试，如图 7-13 所示。

图 7-12　Appium 监听窗口

图 7-13　UI 测试界面

图 7-13 所示界面最顶部一排按钮是 Appium 测试工具的功能按钮，如图 7-14 所示。

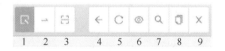

图 7-14　功能按钮

图 7-14 所示各按钮的功能含义如表 7-3 所示。

表 7-3　Appium 测试界面按钮含义

按钮编号	按钮名称	功能
1	Select Elements	选取 UI 界面元素
2	Swipe By Coordinates	触控点坐标位置查看
3	Tap By Coordinates	触控点位置单击
4	Back	返回上一个 UI 界面
5	Refresh Source & Screenshot	刷新当前显示界面

续表

按钮编号	按钮名称	功能
6	Start Recording	录制单击事件
7	Search for Elements	查找 UI 界面元素信息
8	Copy XML Source to Clipboard	复制 UI 界面 XML 信息
9	Quit Session & Close Inspector	退出测试

3. 手机安全卫士界面测试

在图 7-13 所示界面中单击 App 界面源码信息显示区，该区域以不同颜色显示界面布局信息，App 界面源码信息显示区显示单击位置的源码逻辑结构信息，同时在 Selected Element 区域显示当前单击位置的属性信息，如 id、xpath、text 等。

在图 7-13 所示界面中，选中 按钮，在程序运行显示界面通过单击获取元素属性信息。需要注意的是，在测试过程中，不能通过 Appium 界面显示区域的按钮执行程序。要测试软件的相应功能需要在模拟器中单击对应的功能按钮后，在 Appium 测试界面中单击 按钮捕获测试软件当前界面，进行测试，如图 7-15 所示。

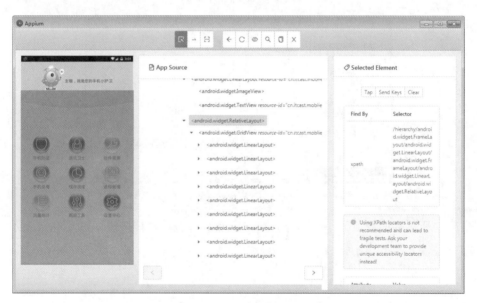

图 7-15　布局信息查看

在图 7-15 中，程序运行显示界面捕获到模拟器手机安全卫士运行界面，单击源码显示区域可查看软件中按钮布局结构、源码等信息，以此测试 UI 界面布局是否合理，以及源码的层次结构编写是否规范。

4. 修改界面布局

在源码信息显示区域，单击鼠标右键，在弹出菜单中单击【Inspect Element】选项进入界面调试模式，可以通过修改当前界面代码对 UI 界面布局进行测试，如图 7-16 所示。

图 7-16 中显示了当前界面的布局信息，可以通过插入或删除布局属性更改移动 App 的页面布局，测试移动 App 布局是否合理，但这需要测试人员熟练掌握 HTML 编程语言和安卓布局结构。

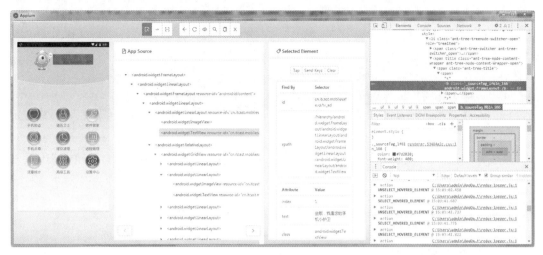

图 7-16　元素插入调试

7.5.3　手机安全卫士功能测试——手机杀毒

自动化测试需要编写测试脚本，要求测试人员掌握编程语言如 Python、JavaScript、Java 等的基础知识。下面以测试手机安全卫士手机杀毒功能为例，讲解如何使用 Appium 工具及 Python 脚本进行移动 App 功能自动化测试。

1. 获取【手机杀毒】按钮属性信息

（1）获取【手机杀毒】按钮属性信息

使用 Appium 测试工具捕获手机安全卫士主页，单击【手机杀毒】按钮查看属性信息。本案例使用【手机杀毒】按钮位置属性 xpath 启动手机杀毒功能，如图 7-17 所示。

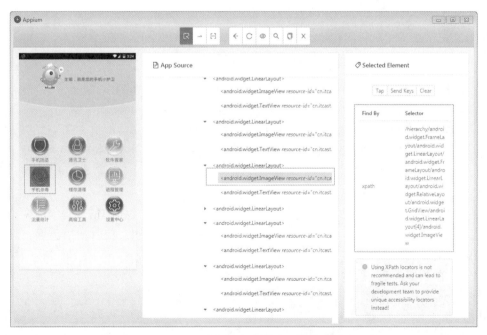

图 7-17　【手机杀毒】按钮属性获取

在图 7-17 所示界面中，单击【手机杀毒】按钮后，Appium 界面会显示按钮的属性值，其中 xpath 路径如下。

```
# 手机杀毒功能启动按钮 xpath 属性值
/hierarchy/android.widget.FrameLayout/android.widget.LinearLayout/android.
widget.FrameLayout/android.widget.LinearLayout/android.widget.RelativeLayout/android.
widget.GridView/android.widget.LinearLayout[4]/android.widget.ImageView
```

（2）获取手机杀毒主界面信息

在安卓模拟器中单击【手机杀毒】按钮后，进入 Appium 界面，单击 ↻ 按钮捕获到手机杀毒主界面，主要有全盘扫描按钮和返回按钮，如图 7-18 所示。

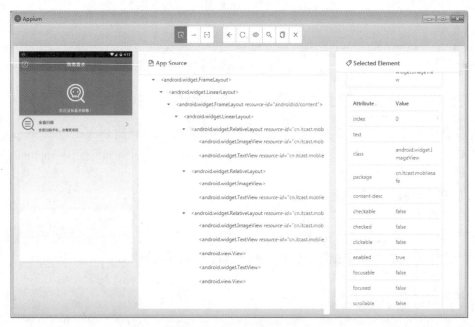

图 7-18　手机杀毒界面

捕获到的返回按钮和全盘扫描按钮信息，具体如下：

```
# 返回按钮 id 属性值
cn.itcast.mobliesafe:id/imgv_leftbtn
# 全盘扫描按钮 id 属性值
cn.itcast.mobliesafe:id/rl_allscanvirus
```

（3）手机杀毒运行界面信息获取

要完成手机杀毒功能测试，需要获取扫描进度、取消扫描按钮的信息。单击模拟器中的全盘扫描按钮，在图 7-18 所示的 Appium 界面中单击 ↻ 按钮，获取扫描界面，具体如图 7-19 所示。

获取到的扫描进度、取消扫描按钮信息具体如下：

```
# 扫描进度文本显示按钮 id 属性值
cn.itcast.mobliesafe:id/tv_scanprocess
# 取消扫描 / 完成扫描按钮 id 属性值
cn.itcast.mobliesafe:id/btn_canclescan
```

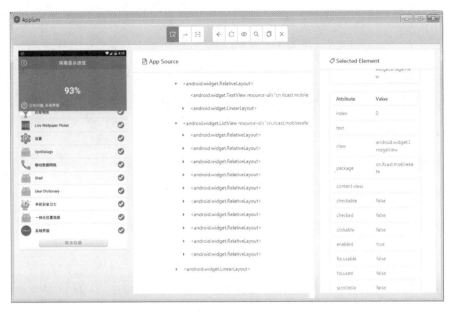

图 7-19　扫描程序运行

2. 手机杀毒自动化测试脚本编写

获取手机杀毒功能操作相关的属性后，接下来编写脚本完成手机杀毒功能自动化测试。在 Python 编辑器中新建测试脚本文件 test_virus_scan.py，具体内容如下所示：

```
1   from appium import webdriver        # 导入 webdriver 库
2   import unittest                     # 导入 Python 单元测试框架 unittest
3   class Test_mobile(unittest.TestCase):
4     def setUp(self):   # 配置测试软件信息
5       self.desired_caps = {"platformName": "Android",
6       "platformVersion": "5.1.1","deviceName": "HUAWEI",
7       "appPackage": "cn.itcast.mobliesafe","appActivity":
8       "cn.itcast.mobliesafe.chapter01.SplashActivity" }
9       # 建立与 Appium 服务器的连接
10      self.driver=webdriver.Remote('http://localhost:4723/wd/hub',
11                                   self.desired_caps)
12    def test_mobile_safe(self):
13      # 设置等待响应时间
14      self.driver.implicitly_wait(30)
15      # 单击手机杀毒功能按钮
16      self.driver.find_element_by_xpath(
17      '/hierarchy/android.widget.FrameLayout/android.widget.LinearLayout/
18        android.widget.FrameLayout/android.widget.RelativeLayout/
19        android.widget.GridView/android.widget.LinearLayout[4]/
20        android.widget.ImageView').click()
21      # 单击全盘扫描按钮
22      self.driver.find_element_by_id(
23      'cn.itcast.mobliesafe:id/rl_allscanvirus').click()
24      # 等待扫描完成
25      while True:
26        # 获取扫描进度百分比
27        rate=self.driver.find_element_by_id(
```

```
28                 'cn.itcast.mobliesafe:id/tv_scanprocess').text
29       if (rate == "100%"):
30          break
31     self.driver.implicitly_wait(30)
32     # 单击完成按钮
33     self.driver.find_element_by_id(
34             'cn.itcast.mobliesafe:id/btn_canclescan').click()
35     self.driver.implicitly_wait(30)
36     # 单击返回上一级页面
37     self.driver.find_element_by_id(
38             'cn.itcast.mobliesafe:id/imgv_leftbtn').click()
39   def tearDown(self):
40     print(" 手机杀毒功能测试结束 ")
41     self.driver.quit()     #退出测试软件
42 if __name__ == '__main__':
43   unittest.main()
```

上述代码中，Test_mobile 类继承自 TestCase 类，该类定义了三个方法，分别是 setUp()、test_mobile_safe() 以及 tearDown()，其中，setUp() 方法主要执行测试用例的准备工作，包括配置测试用例软件信息、建立与 Appium 服务器的连接；test_mobile_safe() 方法用于执行手机杀毒的测试用例，测试了手机杀毒的全过程；tearDown() 方法用于释放资源，包括相关软件断开、资源释放等。

7.6　本章小结

本章讲解了移动 App 测试的相关知识，首先讲解了移动 App 与传统 App 的区别和移动 App 的测试要点；然后讲解了移动 App 的测试流程与测试工具；最后通过一个案例讲解了 Android 端软件的 UI 测试、功能测试和测试脚本编写。通过本章的学习，读者应当掌握移动 App 的测试方法与测试工具的使用。

7.7　本章习题

一、填空题

1. 移动 App 使用最多的操作系统为_____和_____。
2. 移动 App 的专项测试包括_____、_____、_____等。
3. Appium 的测试对象包括_____、_____、_____。

二、判断题

1. 移动 App 是指运行在手机的应用程序。(　　)
2. 移动 App 使用的网络只能是 Wi-Fi。(　　)
3. 移动 App 可接受语音输入。(　　)
4. 移动 App 的切换测试包括删除进程、锁屏、后台切换。(　　)
5. Appium 使用的是 HTTP 协议。(　　)

6. Appium 支持 C/C++ 语言。（　　）

7. Monkey 测试中的所有事件都是随机的，不带任何主观性。（　　）

三、单选题

1.关于移动 App，下列说法中错误的是（　　）。

　A.移动 App 使用的网络可能会从 Wi-Fi 瞬间切换到 4G

　B.移动 App 满足了用户对移动生活、工作的强烈需求

　C.移动 App 无法接受键盘鼠标输入

　D.移动 App 屏幕窄小，显示信息有限

2.下列选项中，哪一项不属于移动 App 的 UI 测试？（　　）

　A.图片测试　　　　　　　　　　　　B.安装测试

　C.文字测试　　　　　　　　　　　　D.颜色测试

3.下列工具中，哪一项不是移动 App 自动化测试工具？（　　）

　A. Appium　　　　　　　　　　　　B. Monkey

　C. UI Automator　　　　　　　　　　D. JMeter

四、简答题

1.请简述什么是移动 App 及其与传统软件的区别。

2.请简述移动 App 的专项测试都有哪些。

3.请简述移动 App 与传统软件测试的区别。

第 8 章

在线考试系统（上）

★了解测试需求说明书的编写方法

★了解测试需求评审的编写方法

★了解测试计划的编写方法

★了解测试方案的编写方法

★了解测试用例的编写方法

前面几章讲解了软件测试的基础知识，包括各种测试的概念、测试方法和测试技巧，且每章都有项目测试实例，但是对这些项目测试实例只是演示测试过程而没有编写测试计划与测试用例等，对测试过程也没有跟踪记录，最后也没有编写测试报告。一个完整的测试过程应当包括编写测试计划与测试用例、记录测试过程、编写测试报告等重要步骤。本章以测试传智播客的"在线考试系统"为例，讲解如何编写测试需求、测试计划、测试方案和测试用例。

8.1　项目简介

"在线考试系统"是传智播客内部开发的用于教学的一个小项目，是一个基于 PHP 语言开发的动态网站，其功能是让学生通过网络随时随地地进行模拟考试练习（非正规考试）。

在线考试系统采用 B/S 架构设计，系统设计如图 8-1 所示。

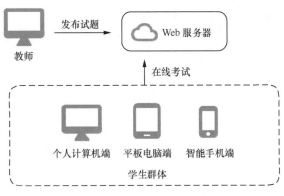

图 8-1　"在线考试系统"设计图

在线考试系统使用的基本流程是：教师发布试卷→学生在线考试→系统自动阅卷→在线查询考试结果，系统主界面如图 8-2 所示。

从开发人员处获得项目需求分析，具体如下。

（1）教师发布试卷

①由教师录入每套试卷的标题、考试时间、题型和题目。

②由教师录入每种题型的分数，系统自动计算每道题目的分数和总得分。

图 8-2　在线考试系统主界面

③ 试卷支持判断题、单选题、多选题、填空题共 4 种题型。

④ 教师应录入每道题目的答案，以供系统实现自动阅卷。

⑤ 在录入判断题时，有题干和"对""错"两种选项。

⑥ 在录入选择题时，有题干和"A""B""C""D"4 种选项。

⑦ 在录入填空题时，有题干和占位横线，判断学生输入答案是否和标准答案相同。

（2）学生答题

① 允许学生通过计算机（台式）、平板电脑、手机联网考试。

② 学生进入系统可以选择试卷。

③ 进入到考试页面后，系统会进行倒计时，时间到达后系统会自动交卷。

④ 交卷时，系统会对未作答题目进行提醒。

⑤ 未交卷离开系统时，设置提醒，确认是否离开。

（3）计算机阅卷

① 交卷后，系统具备自动阅卷功能。

② 交卷后可查看每道题的正误和得分，以及试卷的总分。

8.2　测试需求说明书

编制：薛蒙蒙　李卓　　　　　　日期：2019.04.02

审核：高美云　　　　　　　　　日期：2019.04.03

测试需求说明书目录如下。

一、概述

1. 编写目的

2. 适用范围

二、系统说明

1. 系统背景

一、概述

1. 编写目的

本文档是根据"在线考试系统"需求分析说明书编写的测试需求说明书，其目的有以下 3 点。

（1）供测试人员使用，作为测试的依据。

（2）作为项目验收标准之一。

（3）作为软件维护的参考资料。

2. 适用范围

本文档为内部资料，读者范围为公司内部测试人员、研发人员和相关负责人。

二、系统说明

1. 系统背景

在 PHP 教学过程中，为了让学生巩固所学的 PHP 知识，掌握 Web 网站的搭建过程，开发人员结合当前教学趋势开发了用于模拟考试练习的在线考试系统，该系统仅用于内部教学使用。本文档主要用于定义"在线考试系统"系统测试的测试需求。

2. 系统功能

（1）教师发布试卷。

（2）学生答题。

（3）计算机阅卷。

3. 系统设计和实现要点

（1）在线考试系统为 Web 应用程序，选择 B/S 系统架构。

（2）开发平台为 Windows。

（3）浏览器使用 Chrome，因为 Chrome 浏览器支持 HTML5 和 CSS3 新特性，且提供了很多实用的开发工具，可以方便地对网页进行调试。

（4）Web 服务器有很多种，其中 Apache 具有开源、跨平台、速度快且安全性高的特点，最重要的是它对动态 PHP 网页非常友好，因此选择 Apache 作为本项目的 Web 服务器。

三、系统的功能性需求

在线考试系统的功能性需求如表 8-1 所示。

表 8-1   在线考试系统功能需求

功能	子功能
教师发布试卷	录入试卷标题、题型、题目、考试时间
	录入每道题目的分数、答案
学生答题	选择试卷
	答题
	交卷
计算机阅卷	核对答案
	计算分数

四、系统的非功能性需求

在线考试系统可以在 PC 端与移动端使用，本次测试要分别测试该系统在计算机（台式）与手机中的运行情况，即测试系统对终端的兼容性。

五、环境需求

本次测试所需要的硬件环境如表 8-2 所示。

表 8-2   "在线考试系统"测试硬件环境需求

硬件设备	处理器型号	内存
台式计算机	Intel Core™ i3-4160 CPU @ 3.60GHz	8.0GB
手机	华为 honor AAL-AL20	4.0GB
服务器	Intel Core™ i5-6600K CPU @ 3.50GHz	8.0GB

本次测试所需要的软件环境如表 8-3 所示。

表 8-3   "在线考试系统"测试软件环境需求

软件名称 / 工具类型	版本或说明
Windows	Windows 7 旗舰版
Android	Android 8.0.0
Google 浏览器	71.0.3578.98（64 位）
测试工具	Selenium+Python 自动化测试
测试管理工具	禅道

六、测试人员要求与职责

本次测试要求测试人员具备以下能力。
（1）了解在线考试系统的设计架构。
（2）熟悉在线考试系统的操作过程。
（3）掌握 Python 编程语言基础知识。

（4）了解 HTML 基础知识。

（5）了解 PHP 基础知识。

在测试过程中，每个测试人员的具体职责如表 8-4 所示。

表 8-4　测试人员的具体职责

角色	职责	备注
测试负责人	1. 对测试过程进行监督管理； 2. 组织测试计划、测试方案、测试用例等的评审； 3. 获取测试所需要的资源； 4. 生成测试计划、测试用例、集成测试方案； 5. 主持环境搭建、测试执行	
测试设计人员	1. 生成测试需求； 2. 生成测试计划； 3. 生成测试方案； 4. 设计测试用例； 5. 整理编写测试报告	测试设计人员与测试执行人员的工作并不是界线分明的，有时他们是同一组人员，既是设计人员又是执行人员
测试执行人员	1. 负责搭建测试环境； 2. 负责具体测试的执行； 3. 负责收集测试报告信息	

七、测试完成标准

测试完成标准有以下几点。

（1）系统实现需求分析中的所有功能。

（2）所有测试用例都已经执行。

（3）所有重要 Bug 均已修复并通过回归测试。

（4）计算机端测试无误，可正常答卷、提交试卷、查看分数。

（5）手机端测试无误，可正常答卷、提交试卷、查看分数。

八、测试提交文档

本次测试要提交的文档如表 8-5 所示。

表 8-5　测试要提交的文档

文档名称	主要内容	面向对象	备注
测试需求分析	测试要完成的任务及任务分工	公司内部	
测试计划	规定测试执行过程，包括环境搭建、人员分配、测试组织和进度要求等	公司内部	
测试用例	量化测试输入、执行条件和预期结果，指导测试执行	公司内部	
测试报告	说明阶段和总体测试结果，分析结果带来的影响，为产品下一步实施提供依据	公司内部	

8.3 测试需求评审

测试需求评审的具体内容如表 8-6 所示。

表 8-6 测试需求评审

评审时间	2019-04-03	地点	5 号会议室	评审方式	会议
评审组长	高美云					
参加人员	薛蒙蒙 李卓				
评审对象	在线考试系统——需求说明书 _V 1.0_20190402				
评审内容	1. 用词是否清晰？ 是【√】否【 】 2. 语句是否存在歧义？ 是【 】否【√】 3. 是否清楚地描述了软件需要做什么？ 是【√】否【 】 4. 是否描述了软件的目标环境，包括软硬件环境？是【√】否【 】 5. 需求项是否前后一致、彼此不冲突？ 是【√】否【 】 6. 是否清楚地说明了软件的每个输入、输出格式，以及输入与输出之间的对应关系？是【√】否【 】 7. 是否清晰地描述了软件系统的性能要求？ 是【√】否【 】				
评审过程记录	评审过程记录： 1. 文档模板未按照公司模板设置 2. 未对笔记本电脑、平板电脑设备的兼容性做测试 3. 缺少浏览器兼容性测试				
	评审委员确认签字： _____／_____／_____				
	评审组长审批意见： 【 】合格 【√】基本合格，修改后不需要再次评审 【 】不合格，修改后需要再次评审 　　　　　　　　　　　　　确认签字：_____　　日期：_____				

8.4 测试计划

编制：薛蒙蒙　李卓　　　　　日期：2019.04.08—2019.04.10
评审：高美云　　　　　　　　　日期：2019.04.11—2019.04.13

测试计划并不是一成不变的，在测试过程中，测试计划会随着软件需求变更而修改，对测试计划的修改可记录在表 8-7 中。

表 8-7 文件更改审批记录

序号	版本	*状态	作者	审核者	完成日期	修改内容

注意：*状态：C——创建，A——增加，M——修改，D——删除。

测试计划目录如下。

一、前言

1. 背景说明

2. 参考资料

3. 术语定义

二、测试摘要

1. 测试范围

2. 争议事项

3. 质量目标

4. 风险评估

三、测试环境

1. 测试资源需求

（1）硬件资源

（2）软件资源

2. 测试环境拓扑

3. 测试数据要求

四、测试项

五、测试组织结构

1. 测试组织

2. 角色和职责

六、测试进度计划

一、前言

1. 背景说明

在 PHP 教学过程中，为了让学生巩固所学的 PHP 知识，掌握 Web 网站的搭建过程，开发人员结合当前教学趋势开发了用于模拟考试练习的在线考试系统，该系统仅供内部教学使用。

本文档主要定义"在线考试系统"测试计划，规定测试执行过程的测试重点、人员安排、时间安排、资源利用、质量目标、风险评估、进度监控管理等。

2. 参考资料

参考资料如表 8-8 所示。

表 8-8　测试计划所用到的参考资料

文档	版本 / 日期	作者或来源	备注
项目需求分析	V-1.0	公司内部开发团队	
项目开发计划	V-1.0	公司内部开发团队	
概要设计	V-1.0	公司内部开发团队	
测试需求说明书	V-2.0	公司内部测试团队	

3. 术语定义

（1）动态网页：网页的本质是 HTML（HyperText Markup Language，超文本标记语言），

一个写好的 HTML 文件就是一个静态网页。而动态网页是通过程序动态生成的，可以根据不同情况动态地变更。

（2）URL 地址：称为统一资源定位符（Uniform Resource Locator），包含了 Web 服务器的主机名、端口号、资源名和使用的网络协议，具体示例如下。

```
http://www.itcast.cn:80/index.html
```

在上面的 URL 中，"http"表示传输数据所使用的协议，"www.itcast.cn"表示要请求的服务器主机名，"80"表示要请求的端口号，"index.html"表示请求的资源名称。其中，端口号可以省略，省略时默认使用 80 端口进行访问。

二、测试摘要

1. 测试范围

本次测试主要测试"在线考试系统"功能和兼容性方面，测试要点如表 8-9 所示。

表 8-9   "在线考试系统"主要功能和测试要点

序号	产品描述	测试要点	备注
1	试卷发布功能	录入试卷标题测试	
		录入题型测试	
		录入题目测试	
		录入考试时间测试	
		录入答案	
2	答题功能	选择试卷测试	
		答题测试	
		交卷测试	
		查看分数测试	
3	计算机阅卷功能	核对答案测试	
		计算分数测试	
4	兼容性测试（智能终端）	计算机（台式）端测试	
		平板电脑端测试	
		笔记本电脑端测试	
		手机端测试	
5	兼容性测试（浏览器）	Google 浏览器	
		Firefox 浏览器	
		IE 浏览器	
		Opera 浏览器	
		Safari 浏览器	

2. 争议事项

无。

3. 质量目标

（1）实现软件需求分析中的所有功能。

（2）所有测试用例都已经执行。

（3）所有重要 Bug 均已修复并通过回归测试。

4. 风险评估

对本次测试进行风险评估，分析如下。

（1）对质量需求或产品特性分析不准确，造成测试范围分析有误差，使某一点测试始终得不到预期结果，需要测试人员与研发人员及时沟通解决。

（2）当需求发生变更时，项目经理要以邮件的方式及时通知相关测试人员对测试文档进行变更，以确保测试的准确性。

（3）如果代码质量差，软件缺陷会有很多，漏检的可能性较大，并且有些缺陷不容易被发现。开发人员应当在开发时尽量提高软件质量。

（4）研发不能按照计划完成升级、更新、修改任务，则测试时间顺延，测试周期不变。

三、测试环境

1. 测试资源需求

确保项目测试环境符合测试要求，降低严重影响测试结果真实性和正确性的风险，对测试环境做如下要求。

（1）硬件资源

测试需要的硬件资源如表 8-10 所示。

表 8-10　"在线考试系统"测试所需硬件资源

硬件设备	处理器型号	内存
台式计算机	Intel Core™ i3-4160 CPU @ 3.60GHz	8.0GB
笔记本电脑	Intel i5 低功耗版	8.0GB
手机	华为 honor AAL-AL20	4.0GB
平板电脑	iPad MR7K2CH/A	8.0GB
服务器	Intel Core™ i5-6600K CPU @ 3.50GHz	8.0GB

（2）软件资源

测试需要的软件资源如表 8-11 所示。

表 8-11　"在线考试系统"测试所需的软件资源

软件名称/工具类型	版本或说明
Windows 操作系统	Windows 7 旗舰版、Windows 10
Android 操作系统	Android 8.0.0
iOS 操作系统	iOS 11
浏览器	Google、Firefox、Safari、Opera、IE
测试工具	Selenium+Python 自动化测试
测试管理工具	禅道

2. 测试环境拓扑

本次测试的环境拓扑如图 8-3 所示。

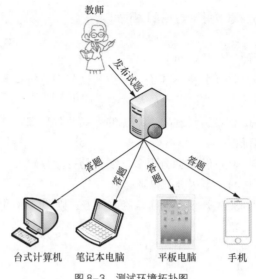

图 8-3   测试环境拓扑图

3. 测试数据要求

无。

四、测试项

本次测试主要从用户角度出发，对"在线考试系统"发布试卷、答题、交卷、查看分数等功能进行测试以及对智能设备、浏览器的兼容性方面进行测试，测试重点如下。

（1）发布试卷测试

测试在线考试系统发布试卷功能，测试人员在后台录入试卷标题、题型、题目、考试时间等内容，验证系统是否可以从后台发布试卷，试卷发布之后是否能在前台正常显示。

（2）答题功能测试

测试人员登录在线考试系统选择试卷并进入答题，在本项测试中，对每一个按钮都要测试，例如，选择题有 A、B、C、D 4 个选项，对每个选项都要测试，以确保每个按钮功能都能正确实现。

（3）计算机阅卷测试

测试人员完成答题，提交试卷，查询考试结果，核对结果是否正确，以此评估计算机核对答案和计算分数功能是否正确实现。

（4）兼容性测试（智能终端）

本次测试中的智能终端兼容性测试是指"在线考试系统"是否可以通过多种终端设备登录访问，测试人员分别从台式机、笔记本电脑、平板电脑、手机端登录系统，以测试系统在不同终端设备上是否都能正常使用。

（5）兼容性测试（浏览器）

本次浏览器兼容性测试中，分别使用不同的浏览器登录系统，测试在不同的浏览器上，系统能否正常运行使用。

五、测试组织结构

1. 测试组织

本次测试团队由 3 个人组成，测试负责人 1 个，测试工程师 2 个。测试负责人制订测试计划，组织项目测试文档评审，并监控管理整个测试项目的进度。测试工程师制订测试需要的文档计划，并执行整个测试过程，整理提交测试相关信息与资料，配合负责人的评审等。

2. 角色和职责

本次测试中，人员及职责安排如表 8-12 所示。

表 8-12　"在线考试系统"测试人员角色及职责安排

序号	姓名	职位	职责	备注
1	高美云	测试负责人	1. 制订测试计划； 2. 组织测试计划、测试方案、测试用例等评审工作； 3. 获取测试所需要的资源； 4. 主持环境搭建、测试执行工作； 5. 对测试过程进行监督管理与协调	
2	薛蒙蒙	测试工程师	1. 收集整理项目相关资料； 2. 协助测试负责人制订测试计划； 3. 制订测试需求； 4. 编写测试用例； 5. 编写测试报告	
3	李卓	测试工程师	1. 制订测试计划； 2. 编写测试脚本； 3. 搭建测试环境； 4. 负责具体的测试执行	

六、测试进度计划

针对"在线考试系统"项目测试，具体的工作时间安排如表 8-13 所示。

表 8-13　测试工作进度安排

测试活动	主要内容	周期	预期时间
编写测试需求	明确本次测试的任务	2 个工作日	2019.04.01—2019.04.02
测试需求评审	测试负责人组织项目组相关人员评审测试需求是否合理、是否有误	2 个工作日	2019.04.03—2019.04.04
编写测试计划	制订整个测试项目的执行计划，包括测试内容、人员分配、环境搭建等	3 个工作日	2019.04.08—2019.04.10
测试计划评审	测试负责人组织项目组相关人员评审测试计划是否合理、是否有纰漏	3 个工作日	2019.04.11—2019.04.13
编写测试方案	说明本次测试使用的方法和技巧	2 个工作日	2019.04.15—2019.04.16

续表

测试活动	主要内容	周期	预期时间
测试方案评审	测试负责人组织项目组相关人员评审测试方案是否合理	2 个工作日	2019.04.17—2019.04.18
编写测试用例	编写测试执行的具体内容	3 个工作日	2019.04.22—2019.04.24
测试用例评审	测试负责人组织项目组相关人员评审测试用例的可行性	2 个工作日	2019.04.25—2019.04.26
编写测试脚本	使用指定编程语言编写脚本，用于执行测试用例	5 个工作日	2019.04.29—2019.05.03
测试执行	搭建测试环境，运行测试用例 / 脚本执行具体的测试工作	3 个工作日	2019.05.06—2019.05.08
整理缺陷报告	整理测试过程中遇到的问题、缺陷	1 个工作日	2019.05.09—2019.05.09
编写测试报告	收集整理测试信息，对本次测试进行汇总并进行评价	2 个工作日	2019.05.10—2019.05.11

8.5 测试方案

编制：薛蒙蒙　李卓　　　　　　　日期：2019.04.15—2019.04.16
评审：高美云　　　　　　　　　　日期：2019.04.17—2019.04.18

测试方案也不是一成不变的，在测试过程中，测试方案也会随着测试计划的修改而改变，对测试方案的修改可记录在表 8-14 中。

表 8-14　文件更改审批记录

序号	版本	*状态	作者	审核者	完成日期	修改内容

注意：* 状态包括 C——创建，A——增加，M——修改，D——删除。

测试方案目录如下所示。

一、　前言
1. 声明
2. 背景
二、测试依据
三、测试环境
1. 测试资源需求
2. 测试环境拓扑
四、测试项说明
五、测试策略

1. 功能测试

2. 性能测试

六、测试通过准则

七、其他

一、前言

1. 声明

本方案是针对"在线考试系统"编写的系统测试方案，当产品出现更新版本时，更新版本中出现的任何新功能模块都需要进行重新测试，本测试文档不再适用，更不能把本文档中的内容适用于其他版本的同类软件。

2. 背景

本文档主要用于定义"在线考试系统"的测试方法、测试技巧、测试重点、测试过程使用资源和测试用例设计方法等。本次测试主要测试项目的功能完整性、准确性，以及智能终端和浏览器的兼容性。

二、测试依据

编写本方案引用的相关资料如表 8-15 所示。

表 8-15　"在线考试系统"测试方案参考资料

文档	版本 / 日期	作者或来源	备注
"在线考试系统"需求分析	V-1.0	公司内部开发团队	
"在线考试系统"系统分析	V-1.0	公司内部开发团队	
项目开发计划	V-1.0	公司内部开发团队	
概要设计	V-1.0	公司内部开发团队	
"在线考试系统"测试需求分析说明书	V-2.0	公司内部测试团队	
"在线考试系统"测试计划	V-1.0	公司内部测试团队	

三、测试环境

1. 测试资源需求

本次测试所需资源说明如下。

（1）硬件资源

本次测试所需要的硬件资源如表 8-16 所示。

表 8-16　"在线考试系统"测试硬件资源

编号	硬件设备	处理器型号	用途	使用数量	备注
1	台式计算机	Intel Core^{TM} i3-4160 CPU @ 3.60GHz	登录"在线考试系统"进行答题测试	2	
2	笔记本电脑	Intel i5 低功耗版	登录"在线考试系统"进行答题测试	2	

续表

编号	硬件设备	处理器型号	用途	使用数量	备注
3	平板电脑	iPad MR7K2CH/A	登录"在线考试系统"进行答题测试	1	
4	手机	华为 honor AAL-AL20	登录"在线考试系统"进行答题测试	2	
5	服务器	Intel Core™ i5-6600K CPU @ 3.50GHz	作为服务器使用,在上面搭建 Apache 服务器	1	

（2）软件资源

本次测试所需要的软件资源如表 8-17 所示。

表 8-17 "在线考试系统"测试软件资源

软件名称 / 工具类型	版本或说明
Windows 操作系统	Windows 7 旗舰版、Windows 10
Android 操作系统	Android 8.0.0
iOS 操作系统	iOS 11
Google 浏览器	71.0.3578.98（64 位正式版本）
Firefox	66.0.2（64 位）
IE	IE 9
Safari	12.1.1
Opera	58.0
测试工具	Selenium+Python 自动化测试、Katalon Recorder
测试管理工具	禅道

2. 测试环境拓扑

本次测试环境的拓扑图如图 8-3 所示,如无特殊说明,本次测试中所使用的环境拓扑均为图 8-3 所示的环境。

四、测试项说明

本次测试主要为功能测试和兼容性测试,功能测试主要测试系统的功能完整性、准确性、易用性等,兼容性测试主要测试系统对智能终端与浏览器的兼容性。测试要点如表 8-18 所示。

表 8-18 "在线考试系统"系统测试功能要点

序号	产品描述	测试要点	备注
1	发布试卷功能	录入试卷标题测试	
		录入题型测试	
		录入题目测试	
		录入考试时间测试	
		录入答案测试	

续表

序号	产品描述	测试要点	备注
2	答题功能	选择试卷测试	
		答题测试	
		交卷测试	
		查看分数测试	
3	计算机阅卷功能	核对答案测试	
		计算分数测试	
4	兼容性测试 （智能终端）	计算机（台式）端测试	
		平板电脑端测试	
		笔记本电脑端测试	
		手机端测试	
5	兼容性测试 （浏览器）	Google 浏览器	
		Firefox 浏览器	
		IE 浏览器	
		Opera 浏览器	
		Safari 浏览器	

五、测试策略

本方案的测试数据来源于软件需求、软件系统分析、概要设计、测试需求及测试计划，一部分测试数据由开发团队提供，另一部分数据由测试团队提供。

1. 功能测试

在本次测试中，功能测试策略如表 8-19 所示。

表 8-19　功能测试策略

测试事项	内容
测试范围	系统发布试卷功能、答题功能、计算机阅卷功能
测试目标	核实所有功能都已正常实现，即与软件需求一致
测试技术	采用黑盒测试、等价类划分等方法
测试工具	Selenium、Pycharm、Katalon Recorder
测试方法	自动化测试，使用 Python 脚本语言完成测试脚本
完成标准	所有测试用例执行完毕，且严重缺陷全部解决并通过回归测试
其他事项	无

2. 性能测试

在本次测试中，性能测试策略如表 8-20 所示。

表 8-20　性能测试策略

测试事项	内容
测试范围	系统对智能终端、浏览器的兼容性
测试目标	核实不同的智能设备都可以登录"在线考试系统"进行考试练习
测试方法	手工测试
完成标准	"在线考试系统"可以在台式机、笔记本电脑、平板电脑、手机上登录使用
测试重点	台式机、笔记本电脑端测试为重点测试； Google、Firefox、IE 浏览器为测试重点
特殊事项	无

六、测试通过准则

测试通过准则如下。

（1）实现软件需求分析中的所有功能。

（2）所有测试策略都已完成。

（3）所有测试用例都执行完毕。

（4）所有重要等级 Bug 都解决并通过回归测试。

七、其他

本次测试中，测试人员安排及职责分工详见测试计划中表 8-12，测试进度安排详见测试计划中表 8-13。

8.6　测试用例

编制：薛蒙蒙　李卓　　　　　　　　日期：2019.04.22—2019.04.24
评审：高美云　　　　　　　　　　　日期：2019.04.25—2019.04.26

一、发布试卷功能

发布试卷功能测试用例如表 8-21 所示。

表 8-21　发布试卷功能测试用例

用例编号	用例级别	执行步骤	预期结果	实际结果	备注
T_001	L1	1.教师以管理员身份登录系统 2.单击【发布试卷】按钮 3.单击【发布】按钮	提示录入为空，无法发布		
T_002	L2	1.教师以管理员身份登录系统 2.单击【发布试卷】按钮 3.录入试卷标题 4.单击【发布】按钮	提示录入数据不全，无法发布		

续表

用例编号	用例级别	执行步骤	预期结果	实际结果	备注
T_003	L2	1. 教师以管理员身份登录系统 2. 单击【发布试卷】按钮 3. 录入试卷标题 4. 录入题型 5. 单击【发布】按钮	提示录入数据不全，无法发布		
T_004	L2	1. 教师以管理员身份登录系统 2. 单击【发布试卷】按钮 3. 录入试卷标题 4. 录入题型 5. 录入题目 6. 单击【发布】按钮	提示录入数据不全，无法发布		
T_005	L2	1. 教师以管理员身份登录系统 2. 单击【发布试卷】按钮 3. 录入试卷标题 4. 录入题型 5. 录入题目 6. 录入考试时间 7. 单击【发布】按钮	提示录入数据不全，无法发布		
T_006	L1	1. 教师以管理员身份登录系统 2. 单击【发布试卷】按钮 3. 录入试卷标题 4. 录入题型 5. 录入题目 6. 录入考试时间 7. 录入答案 8. 单击【发布】按钮	发布成功		试卷显示给学生时，只显示试题不显示答案，如果显示了答案，则表明系统有缺陷

注意：用例级别 L1、L2、L3、L4，数值越小，优先级越高。在测试时间不足的情况下，先测试优先级高的测试用例。

二、答题功能

答题功能测试用例如表 8-22 所示。

表 8-22　答题功能测试用例

用例编号	用例级别	执行步骤	预期结果	实际结果	备注
D_001	L1	1. 登录网址 2. 选择试卷 3. 交卷 4. 查看分数	提示未答题，不能交卷		
D_002	L2	1. 登录网址 2. 选择试卷 3. 答判断题 4. 交卷 5. 查看分数	提示题未答完，不能交卷		

用例编号	用例级别	执行步骤	预期结果	实际结果	备注
D_003	L4	1. 登录网址 2. 选择试卷 3. 答判断题 4. 答单选题 5. 交卷 6. 查看分数	提示题未答完， 不能交卷		
D_004	L4	1. 登录网址 2. 选择试卷 3. 答判断题 4. 答单选题 5. 答多选题 6. 交卷 7. 查看分数	提示题未答完， 不能交卷		
D_005	L4	1. 登录网址 2. 选择试卷 3. 答判断题 4. 答单选题 5. 答多选题 6. 答填空题 7. 交卷 8. 查看分数	提示题未答完， 不能交卷		
D_006	L1	1. 登录网址 2. 选择试卷 3. 等待系统自动交卷 4. 查看分数	提示时间到时系统自 动交卷，提交之后可 查看得分为 0		系统自动交卷 时如果没有提 示，则表明系 统有缺陷
D_007	L2	1. 登录网址 2. 选择试卷 3. 答判断题 4. 等待系统自动交卷 5. 查看分数	提示时间到时系统自 动交卷，提交之后可 查看分数		
D_008	L3	1. 登录网址 2. 选择试卷 3. 答判断题 4. 答单选题 5. 等待系统自动交卷 6. 查看分数	提示时间到时系统自 动交卷，提交之后可 查看分数		
D_009	L3	1. 登录网址 2. 选择试卷 3. 答判断题 4. 答单选题 5. 答多选题 6. 等待系统自动交卷 7. 查看分数	提示时间到时系统自 动交卷，提交之后可 查看分数		

续表

用例编号	用例级别	执行步骤	预期结果	实际结果	备注
D_010	L1	1. 登录网址 2. 选择试卷 3. 答判断题 4. 答单选题 5. 答多选题 6. 答填空题 7. 等待系统自动交卷 8. 查看分数	提示时间到时系统自动交卷，提交之后可查看分数		

三、计算机阅卷功能

计算机阅卷功能测试用例如表 8-23 所示。

表 8-23　计算机阅卷功能测试用例

用例编号	用例级别	执行步骤	预期结果	实际结果	备注
Y_001	L2	1. 查看提交的试卷 2. 核对提交的答案与正确答案 3. 判断计算机匹配是否正确	计算机核对答案无误		计算机会将学生的答案与教师录入的答案匹配，核对答案测试就是检查计算机匹配是否准确
Y_002	L2	1. 查看提交的试卷 2. 核对提交的答案与正确答案 3. 计算提交试卷得分，判断计算机计算的得分是否正确	计算机计算得分准确		
Y_003	L2	1. 查看提交的试卷 2. 核对提交的答案与正确答案 3. 判断计算机匹配是否正确 4. 计算提交试卷得分，判断计算机计算的得分是否正确	计算机核对答案无误，计算得分准确		

四、兼容性测试（智能终端）

"在线考试系统"智能终端兼容性测试的测试用例如表 8-24 所示。

表 8-24　智能终端兼容性测试用例

用例编号	用例级别	执行步骤	预期结果	实际结果	备注
J_001	L1	1. 在台式计算机端登录系统 2. 选择试卷 3. 答题 4. 交卷 5. 查看分数	提示交卷成功，显示分数		

续表

用例编号	用例级别	执行步骤	预期结果	实际结果	备注
J_002	L1	1. 在平板电脑端登录系统 2. 选择试卷 3. 答题 4. 交卷 5. 查看分数	提示交卷成功，显示分数		
J_003	L1	1. 在笔记本电脑端登录系统 2. 选择试卷 3. 答题 4. 交卷 5. 查看分数	提示交卷成功，显示分数		
J_004	L1	1. 在手机端登录系统 2. 选择试卷 3. 答题 4. 交卷 5. 查看分数	提示交卷成功，显示分数		

五、兼容性测试（浏览器）

"在线考试系统"浏览器兼容性测试的测试用例如表 8-25 所示。

表 8-25 浏览器兼容性测试用例

用例编号	用例级别	执行步骤	预期结果	实际结果	备注
L_001	L1	1. 打开 Google 浏览器 2. 登录考试系统 3. 完成答题 4. 交卷 5. 查看分数	提示交卷成功，显示分数		
L_002	L1	1. 打开 Firefox 浏览器 2. 登录考试系统 3. 完成答题 4. 交卷 5. 查看分数	提示交卷成功，显示分数		
L_003	L1	1. 打开 IE 浏览器 2. 登录考试系统 3. 完成答题 4. 交卷 5. 查看分数	提示交卷成功，显示分数		
L_004	L2	1. 打开 Opera 浏览器 2. 登录考试系统 3. 完成答题 4. 交卷 5. 查看分数	提示交卷成功，显示分数		

用例编号	用例级别	执行步骤	预期结果	实际结果	备注
L_005	L2	1. 打开 Safari 浏览器 2. 登录考试系统 3. 完成答题 4. 交卷 5. 查看分数	提示交卷成功，显示分数		

8.7　本章小结

　　本章以系统测试"在线考试系统"为例讲解了各种测试文档的编写，包括测试需求说明书、测试需求评审、测试计划、测试方案、测试用例。虽然各个公司的测试文档编写模板不同，但都大同小异。通过本章的学习，读者应当掌握测试需求、测试计划、测试方案和测试用例等测试文档的编写方法。

第 **9** 章

在线考试系统（下）

学习目标

★ 了解测试脚本的编写方法

★ 了解测试报告的编写方法

★ 了解缺陷报告的编写方法

上一章带领读者编写了"在线考试系统"的测试需求、测试计划、测试方案与测试用例，本章将带大家学习测试脚本、测试报告、缺陷报告的编写。

9.1　测试脚本

测试用例较多，每个测试用例都要编写一个对应的测试脚本，限于篇幅，无法将所有测试脚本都放在教材中。下面编写一个脚本用于执行测试用例 D_010，测试脚本代码如下所示。

```
1  from selenium import webdriver
2  import unittest
3  import time
4  class testWeb(unittest.TestCase):
5  # 测试初始化阶段
6    def setUp(self):
7        self.driver = webdriver.Firefox()
8        self.driver.implicitly_wait(30)
9        self.base_url = "http://www.test.com/"
10       self.verificationErrors = []
11       self.accept_next_alert = True
12 # 测试执行过程
13   def testCase(self):
14       top = "var q=document.documentElement.scrollTop=0"
15       driver = self.driver
16       driver.get("http://www.test.com/")
17       driver.find_element_by_css_selector("body>div.main>div>div:nth-child(2) >
18           div.main-each-R > a").click()
19       driver.find_element_by_xpath(u"(.//*[normalize-space(text())and
20           normalize-space(.)='(共 5 题，每题 4 分)'])[1]/following::
21               label[1]").click()
22      driver.find_element_by_xpath(u"(.//*[normalize-space(text())and
23          normalize-space(.)=' 错 '])[1]/following::label[1]").click()
24      driver.find_element_by_xpath(u"(.//*[normalize-space(text())and
25          normalize-space(.)=' 错 '])[2]/following::label[1]").click()
26      driver.find_element_by_xpath(u"(.//*[normalize-space(text())and
27          normalize-space(.)=' 错 '])[3]/following::label[1]").click()
28      driver.find_element_by_xpath(u"(.//*[normalize-space(text())and
29          normalize-space(.)=' 错 '])[4]/following::label[1]").click()
30 # 测试单选题
31       driver.execute_script(top)
32       driver.find_element_by_link_text(u" 单选题 ").click()
33       driver.find_element_by_xpath(u"(.//*[normalize-space(text())and
34           normalize-space(.)='(共 5 题，每题 6 分)'])[1]/following::
35               label[1]").click()
36       driver.find_element_by_xpath(u"(.//*[normalize-space(text())and
```

```
37              normalize-space(.)='D. 软件版本'])[1]/following::
38                      label[1]").click()
39      driver.find_element_by_xpath(u"(.//*[normalize-space(text())and
40              normalize-space(.)='D. 两者都不是'])[1]/following::
41                      label[1]").click()
42      driver.find_element_by_xpath(u"(.//*[normalize-space(text())and
43              normalize-space(.)='D. <%     %>'])[1]/following::
44                      label[1]").click()
45  # 测试多选题
46      driver.execute_script("arguments[0].scrollIntoView();",driver.find_
47              element_by_xpath("(.//*[normalize-space(text())and
48                      normalize-space(.)='D. break'])
49                              [1]/following::label[1]"))
50      driver.find_element_by_xpath(u"(.//*[normalize-space(text())and
51              normalize-space(.)='B. 局部变量'])[1]/following::
52                      label[1]").click()
53      driver.execute_script(top)
54      driver.find_element_by_link_text(u"多选题").click()
55      driver.find_element_by_xpath(u"(.//*[normalize-space(text())and
56              normalize-space(.)='(共5题，每题6分)'])[2]/following::
57                      label[1]").click()
58      driver.find_element_by_xpath(u"(.//*[normalize-space(text())and
59              normalize-space(.)='D.'])[1]/following::label[1]").click()
60      driver.find_element_by_xpath(u"(.//*[normalize-space(text())and
61              normalize-space(.)='D. 以上答案都不正确'])[1]/following::
62                      label[1]").click()
63      driver.find_element_by_xpath(u"(.//*[normalize-space(text())and
64              normalize-space(.)='D. 以上答案都不正确'])[2]/following::
65                      label[1]").click()
66      driver.find_element_by_xpath(u"(.//*[normalize-space(text())and
67              normalize-space(.)='D. 全等 ==='])[1]/following::label[1]")
68      driver.execute_script("arguments[0].scrollIntoView();",driver.find_
69              element_by_xpath("(.//*[normalize-space(text())and
70                      normalize-space(.)='C.include'])
71                              [1]/following::label[1]"))
72      driver.find_element_by_xpath("(.//*[normalize-space(text())and
73              normalize-space(.)='C.include'])[1]/following::
74                      label[1]").click()
75  # 测试填空题
76      driver.execute_script(top)
77      driver.find_element_by_link_text(u"填空题").click()
78      driver.find_element_by_name("fill[1]").click()
79      driver.find_element_by_name("fill[1]").send_keys("1")
80      driver.find_element_by_name("fill[2]").click()
81      driver.find_element_by_name("fill[2]").send_keys("1")
82      driver.execute_script("arguments[0].scrollIntoView();", driver.find_
83              element_by_xpath(u"(.//*[normalize-space(text())and
84                      normalize-space(.)=' 请输入答案：'])
85                              [2]/following::input[1]"))
86      driver.find_element_by_xpath(u"(.//*[normalize-space(text())and
87              normalize-space(.)=' 请输入答案：'])[2]/following::
88                      input[1]").click()
89      time.sleep(3)
90      driver.execute_script("arguments[0].scrollIntoView();",driver.find_
91              element_by_link_text(u"返回首页"))
92      driver.find_element_by_link_text(u"返回首页").click()
```

```
93 #测试完成后释放资源
94    def tearDown(self):
95        self.driver.quit()
96 #执行测试
97 if __name__ == "__main__":
98    unittest.main()
```

小提示：

脚本的复用性很高，读者可以根据该脚本编写其他测试用例的执行脚本。

9.2 测试报告

测试报告编写过程也会因某些原因出错，检查测试报告时可对错误进行修改，并可将修改记录在表 9-1 中。

表 9-1　文件更改审批记录

序号	版本	*状态	作者	审核者	完成日期	修改内容

注意：* 状态：C——创建，A——增加，M——修改，D——删除。

测试报告目录如下所示。

一、前言
1.声明
2.背景说明
3.目的
4.适用范围
5.参考资料
二、测试环境
1.测试资源
2.测试环境拓扑
三、测试范围说明
四、测试过程分析
1.功能测试
2.兼容性测试
五、测试结果分析
1.测试覆盖率分析

2. 缺陷分析

六、测试汇总

1. 测试问题汇总

2. 差异分析

七、测试总结和评价

八、建议

根据上述目录编写本次测试的测试报告，具体内容如下。

一、前言

1. 声明

本报告只适用于"在线考试系统"的功能测试和兼容性测试，在任何情况下若需要引用本文档中的任何内容，都应保证其本来意义，不得擅自进行增加、修改、伪造。

当软件产品更新时，设计的任何新的功能模块都需要进行重新测试，本报告不再适用，更不能把本报告中的内容适用于其他同类软件。

2. 背景说明

在 PHP 教学过程中，为了让学生巩固所学的 PHP 知识，掌握 Web 网站的搭建过程，开发人员结合当前教学趋势开发了用于模拟考试练习的在线考试系统，该系统仅用于内部教学使用。本次测试是对"在线考试系统"进行系统的功能测试与兼容性测试，主要验证该系统是否符合教学需求。

3. 目的

本报告旨在总结本次测试的测试内容和测试结果，对系统的功能和兼容性做出相应评估，并对系统中存在的缺陷进行分析总结，为项目改进提供建议，也给用户对产品的使用提供帮助。

4. 适用范围

本报告为公司内部资料，读者范围为公司内部测试人员、研发人员和相关负责人。如有特殊情况需要对外出示，必须经过公司审批程序。

5. 参考资料

本报告编写所参考的资料如表 9-2 所示。

表 9-2   测试报告参考资料

文档	版本 / 日期	作者或来源	备注
"在线考试系统"需求分析	V-1.0	公司内部	
"在线考试系统"系统分析	V-1.0	公司内部	
"在线考试系统"测试需求分析说明书	V-2.0	公司内部	
"在线考试系统"测试计划	V-1.0	公司内部	
"在线考试系统"测试方案	V-1.0	公司内部	

二、测试环境

1. 测试资源

（1）硬件资源

本次测试需要的硬件资源如表 9-3 所示。

表 9-3　测试所需硬件资源

编号	硬件设备	处理器型号	用途	使用数量	备注
1	台式计算机	Intel^R Core^{TM} i3-4160 CPU @ 3.60GHz	登录"在线考试系统"进行答题测试	2	
2	笔记本电脑	Intel i5 低功耗版	登录"在线考试系统"进行答题测试	2	
3	平板电脑	iPad MR7K2CH/A	登录"在线考试系统"进行答题测试	1	
4	手机	华为 honor AAL-AL20	登录"在线考试系统"进行答题测试	2	
5	服务器	Intel^R Core^{TM} i5-6600K CPU @ 3.50GHz	作为服务器使用，在上面搭建 Apache 服务器	1	

（2）软件资源

本次测试需要的软件资源如表 9-4 所示。

表 9-4　测试所需软件资源

软件名称	版本
Windows 操作系统	Windows 7 旗舰版、Windows 10
Android 操作系统	Android 8.0.0
iOS 操作系统	iOS 11
Google 浏览器	71.0.3578.98（64 位正式版本）
Firefox	66.0.2（64 位）
IE	IE 9
Safari	12.1.1
Opera	58.0
测试工具	Selenium+Python 自动化测试、Katalon Recorder
测试管理工具	禅道

2. 测试环境拓扑

本次测试环境拓扑如图 9-1 所示。

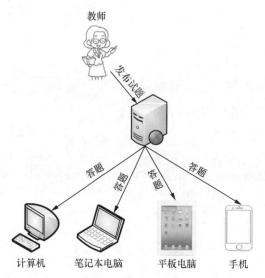

图 9-1 测试环境拓扑

三、测试范围说明

本次测试范围如表 9-5 所示。

表 9-5 测试范围

序号	产品描述	测试要点	备注
1	发布试卷功能	录入试卷标题测试	该部分功能未实现
		录入题型测试	
		录入题目测试	
		录入考试时间测试	
		录入答案测试	
2	答题功能	选择试卷测试	功能准确实现
		答题测试	
		交卷测试	
		查看分数测试	
3	计算机阅卷功能	核对答案测试	功能准确实现
		计算分数测试	
4	兼容性测试（智能终端）	计算机（台式）端测试	台式机、笔记本电脑可以正常登录网站系统进行考试练习。平板电脑与手机无法登录网站
		平板电脑端测试	
		笔记本电脑端测试	
		手机端测试	
5	兼容性测试（浏览器）	Google 浏览器	支持 Google、Firefox、IE、Opera、Safari 浏览器
		Firefox 浏览器	
		IE 浏览器	
		Opera 浏览器	
		Safari 浏览器	

四、测试过程分析

1. 功能测试

功能测试以 Python 脚本自动化为主，辅以手工测试，功能测试过程概要分析如表 9-6 所示。

表 9-6　功能测试过程概要分析

功能模块	测试轮数	开始时间	结束时间	执行用例数	用例通过数	用例未通过数	用例通过率	备注
发布试卷功能	1	2019.05.06	2019.05.06	1	0	1	0	由于测试用例 T_001 测试未通过，发现没有管理员入口缺陷，而后面的 T_002 ~ T_006 都是基于管理员登录才可执行，因此 T_002 ~ T_006 测试用例未执行
答题功能	1	2019.05.06	2019.05.07	10	10	0	100%	对于答题功能，由于题目较多，且每道题目有多个选项，因此执行全部测试用例未达到习题选项的 100% 覆盖
计算机阅卷功能	1	2019.05.07	2019.05.07	3	3	0	100%	

2. 兼容性测试

性能测试主要测试"在线考试系统"对智能终端与浏览器的兼容情况，兼容性测试过程概要分析如表 9-7 所示。

表 9-7　兼容性测试过程概要分析

兼容性测试	测试轮数	开始时间	结束时间	测试用例总数	用例通过数	用例未通过数	用例通过率	备注
智能终端	1	2019.05.08	2019.05.08	4	2	2	50%	测试用例 J_002 与 J_004 执行未通过
浏览器	1	2019.05.08	2019.05.08	5	5	0	100%	

五、测试结果分析

1. 测试覆盖率分析

本次测试的功能测试覆盖率分析如表 9-8 所示。

表 9-8　功能测试覆盖率分析

功能模块	用例总数	用例执行数	测试覆盖率	备注
发布试卷功能	6	6	100%	试卷发布功能的测试覆盖率达 100%，但通过率为 0%
答题功能	10	10	100%	
计算机阅卷功能	3	3	100%	

本次测试的兼容性测试覆盖率分析如表 9-9 所示。

表 9-9　兼容性测试覆盖率分析

兼容性测试	用例总数	用例执行数	测试覆盖率	备注
智能终端	4	4	100%	
浏览器	5	5	100%	

2. 缺陷分析

本次测试的缺陷分析如表 9-10 所示。

表 9-10　缺陷分析

缺陷 ID	Bug	描述	等级	测试人员	开发人员
Bug_001	教师无法以管理员身份发布试卷	执行测试用例 T_001，测试结果为没有管理员登录入口，与预期结果不符。与开发人员沟通，只能从源代码级别添加试卷，这不符合软件需求分析。由于没有管理员入口，后面的试题录入也无从测试，因此，T_001 测试用例实则发现 6 个缺陷，即 Bug 001 ~ Bug 006	严重	薛蒙蒙李卓	韩冬
Bug_002	教师无法录入试卷标题	执行测试用例 T_001，测试结果为没有管理员登录入口，不能录入试卷标题，与预期结果不符	严重	薛蒙蒙李卓	韩冬
Bug_003	教师无法录入试卷题型	执行测试用例 T_001，测试结果为没有管理员登录入口，无法录入题型，与预期结果不符	严重	薛蒙蒙李卓	韩冬
Bug_004	教师无法录入题目	执行测试用例 T_001，测试结构为没有管理员登录入口，无法录入题目，与预期结果不符	严重	薛蒙蒙李卓	韩冬
Bug_005	教师无法录入考试时间	执行测试用例 T_001，测试结果为没有管理员登录入口，无法录入考试时间，与预期结果不符	严重	薛蒙蒙李卓	韩冬
Bug_006	教师无法录入答案	执行测试用例 T_001，测试结果为没有管理员登录入口，无法录入答案，与预期结果不符	严重	薛蒙蒙李卓	韩冬
Bug_007	无法在平板电脑端登录系统	执行测试用例 J_002，测试结果为无法在平板电脑端登录在线考试系统，与预期结果不符	一般	薛蒙蒙李卓	韩冬
Bug_008	无法在手机端登录系统	执行测试用例 J_004，测试结果为无法在手机端登录系统，与预期结果不符	一般	薛蒙蒙李卓	韩冬

注意：每一个缺陷的详细报告见 9.3 节。

（1）缺陷类型汇总

缺陷的类型汇总如图 9-2 所示。

（2）缺陷按功能分布汇总

缺陷按功能分布汇总如图 9-3 所示。

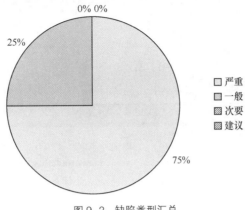

图 9-2　缺陷类型汇总

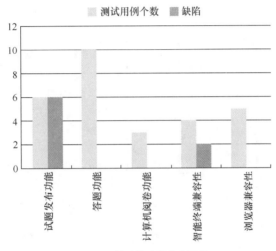

图 9-3　缺陷按功能分布汇总

（3）缺陷时间趋势

缺陷时间趋势如图 9-4 所示。

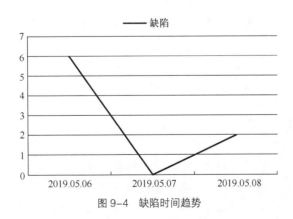

图 9-4　缺陷时间趋势

六、测试汇总

1. 测试问题汇总

本次测试的问题总结和汇总如表 9-11 所示。

表 9-11   测试问题汇总

序号	测试项	测试要点	测试结论	备注
1	发布试卷	录入试卷标题 录入题型 录入题目 录入考试时间 录入答案	试卷发布功能未实现，发现 6 个缺陷	
2	答题功能	选择试卷 答题 交卷 查看分数	功能完整准确实现	
3	计算机阅卷	核对答案 计算分数	功能完整准确实现	
4	智能终端测试	台式机 笔记本电脑 平板电脑 手机	系统支持台式机、笔记本电脑，但不支持平板电脑与手机	经过测试人员的其他测试，手机模拟器可以登录系统
5	浏览器测试	Google Firefox IE Opera Safari	支持所列出的浏览器	

2. 差异分析

测试过程中存在的差异如下所示。

（1）软件需求说明表明，系统可以让教师发布试卷，但系统在实现时只能在源代码中嵌入试卷，没有让教师发布试卷的入口。

（2）测试计划以 Python 脚本自动化测试为主，但在实际测试中以手工测试为主。

（3）在智能终端兼容性测试中，平板电脑与手机无法登录系统，测试人员额外使用手机模拟器进行测试，则可以登录系统，完成答题交卷。

（4）在测试"发布试卷"功能模块时，由于测试用例 T_001 已经发现没有管理员登录入口缺陷，因此没有再执行测试用例 T_002 ~ T_006。

对上述差异进行如下分析。

（1）软件实现与需求不符，不能满足用户需求，会造成系统可用性下降，达不到教学使用的目的。

（2）在测试中，以手工测试为主，可以达到更高的准确度，但效率略低。

（3）手机模拟器可以登录系统，表明系统设计没有问题。

（4）测试用例 T_002 ~ T_006 未执行，不表明录入试卷标题、题型、题目、考试时间、答案功能未实现。

七、测试总结和评价

本报告主要对整个测试过程和结果进行总结。整个测试过程包括系统的功能测试和兼容性测试，软件缺陷主要集中在功能测试中的"发布试卷"模块，发现了 6 个严重缺陷。此外在智能终端的兼容性测试中，发现了 2 个一般缺陷。

其他未涉及的测试而可能存在的缺陷如下。

（1）保存功能：学生答题交卷完成之后，答过的试卷与分数是否可以长期保存以供查阅。

（2）删除功能：如果教师发布了错误试题，是否可以将其删除。

由于"在线考试系统"存在较多严重缺陷，整个"发布试卷"功能没有实现，这些缺陷是用户明确提出的需求，因此该系统未通过本次测试，不能予以发布。

八、建议

（1）实现"发布试卷"功能，让教师可以以管理员身份登录发布试卷，录入项包括试卷标题、题型、题目、考试时间、答案。

（2）建议丰富题目类型，不能只有判断、单选、多选、填空 4 种题型。

（3）完善系统使其兼容平板电脑与手机智能终端。

（4）确认系统具有保存试卷与分数的功能。

（5）在实现"发布试卷"功能时，确认教师可以删除错误试题。

9.3　缺陷报告

1. Bug_001 缺陷报告

Bug_001 缺陷报告如表 9-12 所示。

表 9-12　Bug_001 缺陷报告

缺陷 ID	Bug_001
测试软件名称	在线考试系统
测试软件版本	1.0
缺陷发现日期	2019.05.06
测试人员	薛蒙蒙　李卓
缺陷描述	该版本系统没有管理员登录入口，无法完成试卷的录入与发布
附件	无
缺陷类型	功能类型缺陷
缺陷严重程度	严重
缺陷优先级	立即解决
测试环境	处理器：Intel^R Core^{TM} i3-4160 CPU @ 3.60GHz 内存：8.0GB 系统类型：Windows 10 64 位操作系统

重现步骤	1. 管理员登录系统 2. 单击【发布试卷】按钮 3. 单击【发布】按钮
备注	无

2. Bug_002 缺陷报告

Bug_002 缺陷报告如表 9-13 所示。

表 9-13　Bug_002 缺陷报告

缺陷 ID	Bug_002
测试软件名称	在线考试系统
测试软件版本	1.0
缺陷发现日期	2019.05.06
测试人员	薛蒙蒙　李卓
缺陷描述	无法录入试卷标题
附件	无
缺陷类型	功能类型缺陷
缺陷严重程度	严重
缺陷优先级	立即解决
测试环境	处理器：Intel^R Core^{TM} i3-4160 CPU @ 3.60GHz 内存：8.0GB 系统类型：Windows 10 64 位操作系统
重现步骤	1. 管理员登录系统 2. 单击【发布试卷】按钮 3. 单击【发布】按钮
备注	本缺陷应当由测试用例 T_002 测试得出，但测试用例 T_001 已经测试出本系统没有管理员入口，没有管理员登录入口便无法录入试卷标题

3. Bug_003 缺陷报告

Bug_003 缺陷报告如表 9-14 所示。

表 9-14　Bug_003 缺陷报告

缺陷 ID	Bug_003
测试软件名称	在线考试系统
测试软件版本	1.0
缺陷发现日期	2019.05.06
测试人员	薛蒙蒙　李卓
缺陷描述	无法录入题型
附件	无
缺陷类型	功能类型缺陷

续表

缺陷严重程度	严重
缺陷优先级	立即解决
测试环境	处理器：Intel^R Core^{TM} i3-4160 CPU @ 3.60GHz 内存：8.0GB 系统类型：Windows 10 64 位操作系统
重现步骤	1. 管理员登录系统 2. 单击【发布试卷】按钮 3. 单击【发布】按钮
备注	本缺陷应当由测试用例 T_003 测试得出，但测试用例 T_001 已经测试出本系统没有管理员入口，没有管理员登录入口便无法录入题型

4. Bug_004 缺陷报告

Bug_004 缺陷报告如表 9-15 所示。

表 9-15　Bug_004 缺陷报告

缺陷 ID	Bug_004
测试软件名称	在线考试系统
测试软件版本	1.0
缺陷发现日期	2019.05.06
测试人员	薛蒙蒙　李卓
缺陷描述	无法录入题目
附件	无
缺陷类型	功能类型缺陷
缺陷严重程度	严重
缺陷优先级	立即解决
测试环境	处理器：Intel^R Core^{TM} i3-4160 CPU @ 3.60GHz 内存：8.0GB 系统类型：Windows 10 64 位操作系统
重现步骤	1. 管理员登录系统 2. 单击【发布试卷】按钮 3. 单击【发布】按钮
备注	本缺陷应当由测试用例 T_004 测试得出，但测试用例 T_001 已经测试出本系统没有管理员入口，没有管理员登录入口便无法录入题目

5. Bug_005 缺陷报告

Bug_005 缺陷报告如表 9-16 所示。

表 9-16　Bug_005 缺陷报告

缺陷 ID	Bug_005
测试软件名称	在线考试系统
测试软件版本	1.0

续表

缺陷发现日期	2019.05.06
测试人员	薛蒙蒙　李卓
缺陷描述	无法录入考试时间
附件	无
缺陷类型	功能类型缺陷
缺陷严重程度	严重
缺陷优先级	立即解决
测试环境	处理器：Intel^R Core^{TM} i3-4160 CPU @ 3.60GHz 内存：8.0GB 系统类型：Windows 10 64 位操作系统
重现步骤	1. 管理员登录系统 2. 单击【发布试卷】按钮 3. 单击【发布】按钮
备注	本缺陷应当由测试用例 T_005 测试得出，但测试用例 T_001 已经测试出本系统没有管理员入口，没有管理员登录入口便无法录入考试时间

6. Bug_006 缺陷报告

Bug_006 缺陷报告如表 9-17 所示。

表 9-17　Bug_006 缺陷报告

缺陷 ID	Bug_006
测试软件名称	在线考试系统
测试软件版本	1.0
缺陷发现日期	2019.05.06
测试人员	薛蒙蒙　李卓
缺陷描述	无法录入答案
附件	无
缺陷类型	功能类型缺陷
缺陷严重程度	严重
缺陷优先级	立即解决
测试环境	处理器：Intel^R Core^{TM} i3-4160 CPU @ 3.60GHz 内存：8.0GB 系统类型：Windows 10 64 位操作系统
重现步骤	1. 管理员登录系统 2. 单击【发布试卷】按钮 3. 单击【发布】按钮
备注	本缺陷应当由测试用例 T_006 测试得出，但测试用例 T_001 已经测试出本系统没有管理员入口，没有管理员登录入口便无法录入答案

7. Bug_007 缺陷报告

Bug_007 缺陷报告如表 9-18 所示。

表 9-18　Bug_007 缺陷报告

缺陷 ID	Bug_007
测试软件名称	在线考试系统
测试软件版本	1.0
缺陷发现日期	2019.05.08
测试人员	薛蒙蒙　李卓
缺陷描述	不能用平板电脑登录在线考试系统
附件	无
缺陷类型	功能类型缺陷
缺陷严重程度	一般
缺陷优先级	可延后解决
测试环境	处理器：Intel^R Core^{TM} i3-4160 CPU @ 3.60GHz 内存：8.0GB 系统类型：Windows 10 64 位操作系统
重现步骤	1. 在平板电脑端登录系统 2. 选择试卷 3. 答题 4. 交卷 5. 查看分数
备注	在平板电脑的 Google 浏览器中输入在线考试系统网址时，提示"抱歉，未找到该网页"

8. Bug_008 缺陷报告

Bug_008 缺陷报告如表 9-19 所示。

表 9-19　Bug_008 缺陷报告

缺陷 ID	Bug_008
测试软件名称	在线考试系统
测试软件版本	1.0
缺陷发现日期	2019.05.08
测试人员	薛蒙蒙　李卓
缺陷描述	不能用手机登录在线考试系统
附件	见图 9-5
缺陷类型	功能类型缺陷
缺陷严重程度	一般
缺陷优先级	可延后解决
测试环境	处理器：Intel^R Core^{TM} i3-4160 CPU @ 3.60GHz 内存：8.0GB 系统类型：Windows 10 64 位操作系统

续表

重现步骤	1. 在手机端登录系统 2. 选择试卷 3. 答题 4. 交卷 5. 查看分数
备注	在手机的 Google 浏览器中输入在线考试系统网址时，提示"462"错误

Bug_008 缺陷报告附件如图 9-5 所示。

图 9-5　Bug_008 缺陷报告附件（手机端测试）

9.4　本章小结

本章延续第 8 章的"在线考试系统"测试，讲解了测试脚本、测试报告、缺陷报告的编写。通过本章的学习，读者应当掌握使用 Python 编写自动化测试脚本，了解测试报告、缺陷报告的编写。